U0269873

住房和城乡建设部"十四五"规划教材

高等学校土木工程专业应用型人才培养系列教材

建筑工程结构试验与检测

（第二版）

徐奋强　主　编

张　伟　副主编

何培玲　主　审

中国建筑工业出版社

图书在版编目（CIP）数据

建筑工程结构试验与检测／徐奋强主编；张伟副主编. —2 版. —北京：中国建筑工业出版社，2023.5
住房和城乡建设部"十四五"规划教材　高等学校土木工程专业应用型人才培养系列教材
ISBN 978-7-112-28614-0

Ⅰ.①建… Ⅱ.①徐… ②张… Ⅲ.①建筑结构—检测—高等学校—教材 Ⅳ.①TU317

中国国家版本馆 CIP 数据核字（2023）第 065207 号

本书依据高等院校土木工程专业相关课程教学大纲、国家最新颁布的相关规范、规程进行编写。全书内容丰富翔实，全面阐述了建筑结构试验与检测的基础理论、主要检测手段、关键技术并新增了虚拟仿真试验和远程检测技术的阐述，重点突出土木工程专业本科生所应掌握的建筑结构静力试验、现场检测技术以及新时代数字仿真技术的应用等内容。

全书共分九章，主要内容包括：绪论、建筑结构试验的加载方法和设备；建筑结构试验设计；建筑结构测试技术和量测仪表；建筑结构静力试验和动测技术；建筑结构试验现场检测技术；建筑结构试验科研示例；土木工程试验中的虚拟仿真技术；远程监测等。全书在编写过程中以建筑结构试验与检测的基本理论为重点，注重案例分析和图示表达，并辅以章节学习要点和小结，以期使相关内容具体化、形象化、重点化，方便读者的学习和理解。

本书可作为高等院校土木、交通、水利、铁道、电力、仪器科学与技术、防灾减灾等专业的本科生、大专生的教材，也可作为相关工程技术人员的参考书和工具书。

为了更好地支持教学，我社向采用本书作为教材的教师提供课件，有需要者可与出版社联系，索取方式如下：建工书院https：//edu.cabplink.com，邮箱jckj@cabp.com.cn，电话（010）58337285。

责任编辑：仕　帅　吉万旺　王　跃
责任校对：孙　莹

住房和城乡建设部"十四五"规划教材
高等学校土木工程专业应用型人才培养系列教材
建筑工程结构试验与检测（第二版）
徐奋强　主　编
张　伟　副主编
何培玲　主　审

＊

中国建筑工业出版社出版、发行（北京海淀三里河路 9 号）
各地新华书店、建筑书店经销
北京建筑工业印刷厂制版
建工社（河北）印刷有限公司印刷

＊

开本：787 毫米×1092 毫米　1/16　印张：11　字数：268 千字
2023 年 5 月第二版　　2023 年 5 月第一次印刷
定价：**38.00** 元（赠教师课件）
ISBN 978-7-112-28614-0
（40953）

出 版 说 明

　　党和国家高度重视教材建设。2016 年，中办国办印发了《关于加强和改进新形势下大中小学教材建设的意见》，提出要健全国家教材制度。2019 年 12 月，教育部牵头制定了《普通高等学校教材管理办法》和《职业院校教材管理办法》，旨在全面加强党的领导，切实提高教材建设的科学化水平，打造精品教材。住房和城乡建设部历来重视土建类学科专业教材建设，从"九五"开始组织部级规划教材立项工作，经过近 30 年的不断建设，规划教材提升了住房和城乡建设行业教材质量和认可度，出版了一系列精品教材，有效促进了行业部门引导专业教育，推动了行业高质量发展。

　　为进一步加强高等教育、职业教育住房和城乡建设领域学科专业教材建设工作，提高住房和城乡建设行业人才培养质量，2020 年 12 月，住房和城乡建设部办公厅印发《关于申报高等教育职业教育住房和城乡建设领域学科专业"十四五"规划教材的通知》（建办人函〔2020〕656 号），开展了住房和城乡建设部"十四五"规划教材选题的申报工作。经过专家评审和部人事司审核，512 项选题列入住房和城乡建设领域学科专业"十四五"规划教材（简称规划教材）。2021 年 9 月，住房和城乡建设部印发了《高等教育职业教育住房和城乡建设领域学科专业"十四五"规划教材选题的通知》（建人函〔2021〕36 号）。为做好"十四五"规划教材的编写、审核、出版等工作，《通知》要求：（1）规划教材的编著者应依据《住房和城乡建设领域学科专业"十四五"规划教材申请书》（简称《申请书》）中的立项目标、申报依据、工作安排及进度，按时编写出高质量的教材；（2）规划教材编著者所在单位应履行《申请书》中的学校保证计划实施的主要条件，支持编著者按计划完成书稿编写工作；（3）高等学校土建类专业课程教材与教学资源专家委员会、全国住房和城乡建设职业教育教学指导委员会、住房和城乡建设部中等职业教育专业指导委员会应做好规划教材的指导、协调和审稿等工作，保证编写质量；（4）规划教材出版单位应积极配合，做好编辑、出版、发行等工作；（5）规划教材封面和书脊应标注"住房和城乡建设部'十四五'规划教材"字样和统一标识；（6）规划教材应在"十四五"期间完成出版，逾期不能完成的，不再作为《住房和城乡建设领域学科专业"十四五"规划教材》。

　　住房和城乡建设领域学科专业"十四五"规划教材的特点：一是重点以修订教育部、住房和城乡建设部"十二五""十三五"规划教材为主；二是严格按照专业标准规范要求编写，体现新发展理念；三是系列教材具有明显特点，满足不同层次和类型的学校专业教学要求；四是配备了数字资源，适应现代化教学的要求。规划教材的出版凝聚了作者、主审及编辑的心血，得到了有关院校、出版单位的大力支持，教材建设管理过程有严格保障。希望广大院校及各专业师生在选用、使用过程中，对规划教材的编写、出版质量进行反馈，以促进规划教材建设质量不断提高。

住房和城乡建设部"十四五"规划教材办公室

2021 年 11 月

第二版前言

第二版的编写主要基于以下因素：一是近年来建筑工程结构试验呈现出较新的试验内容和试验教学成果，尤其信息化教学在高等院校逐渐兴起，需要对第一版进行适当扩展和删减，力求吸纳新内容、精练经典知识；二是伴随新标准的颁布实施及试验仪器设备的更新，需融入和修订部分内容；三是总结教材使用过程中的不足并借鉴同行教材的优质内容，更新教材并进一步精练，以期突出重点，弥补不足，将案例与拓展内容灵活展现并适当融入国内最新结构试验教学改革理念。

本书针对应用型本科院校大学生的使用特点，采用"少学时、精经典、宽口径"的编写方式，在修订原有章节的基础上增加了结构抗震试验、虚拟试验、远程监测等内容，本书各章节内容着重强调检测技术的阐述，不涉及较深入的原理解释和解析推导。教材内容涵盖建筑结构检测的基础知识，试验内容涵盖基础性的仪器设备认识、综合性的静力试验、结构动力特性试验、简单的现场检测试验等类型。

本书由南京工程学院徐奋强主编，张伟担任副主编，参加本教材编写的还有：南京工程学院张德恒、南京理工大学泰州科技学院董晓进、常州工学院李卫青、三江学院宗明明、南京工业大学浦江学院潘金龙。全书由徐奋强统稿，具体分工如下：

南京工程学院，徐奋强（前言、第5章、第9章），张伟（第8章），张德恒（第7章）；

常州工学院，李卫青（第1章、第2章）；

南京理工大学泰州科技学院，董晓进（第3章、第4章）；

三江学院，宗明明（第6章）；

南京工业大学浦江学院，潘金龙（附录）。

本书由南京工程学院何培玲教授担任主审，并对本书的编写提出了许多宝贵意见，特致谢意。在本书编写过程中，编者参考了国内同行的相关著作和试验资料，在此对相关人员一并表示感谢。由于编者水平有限，本书难免存在疏漏之处，恳请读者批评指正。

编　者
2023 年 1 月

第一版前言

建筑工程结构试验与检测是应用型土木工程专业的专业技术课程，课程与材料力学、结构力学、混凝土结构、钢结构以及砌体结构等课程有直接的关系。同时，由于检测设备的不断发展，课程涉及物理学、电子测量技术、数理统计等相关内容。通过本课程的学习，使学生获得建筑工程结构试验和检测方面的基础知识和基本技能，掌握一般工程结构试验方法和检测方法，以及拥有根据试验检测结果做出正确的分析和结论的能力，为从事科学研究和土木工程检测打下良好的基础。

本教材依据《高等学校土木工程本科指导性专业规范》的要求，结合应用型本科的人才培养特点，确定了编写内容。主要内容包括：绪论；建筑结构试验的加载方法和设备；建筑结构试验设计；建筑结构测试技术和量测仪表；建筑结构静力试验和动测技术；建筑结构试验现场检测技术；建筑结构试验科研示例。在结构试验检测技术上，尽可能采用我国已经成熟的最新技术和标准，以保证技术的先进性。

参加本教材编写的作者有：南京工程学院徐奋强、南京理工大学泰州科技学院董晓进、常州工学院李卫青、三江学院宗明明、南京工业大学浦江学院潘金龙。全书由徐奋强统稿。具体编写分工为：南京工程学院徐奋强（前言、第5章、第7章）；常州工学院李卫青（第1章、第2章）；南京理工大学泰州科技学院董晓进（第3章、第4章）；三江学院宗明明（第6章）；南京工业大学浦江学院潘金龙（附录）。

南京工程学院宗兰教授担任教材主审，并对本书的编写提出了许多宝贵意见，特致谢意。

本教材编写过程中，参考了国内同行的相关论著、试验资料，也参考了已经出版的相关教材，以及试验仪器生产厂家的设备资料和说明书，在此表示感谢。

由于编者业务水平有限，教材编写中如有不妥之处，敬请读者不吝赐教。

编　者
2017年1月

目　　录

第1章　绪　　论

本章要点及学习目标

本章要点：

本章主要讲述结构试验的任务，建筑结构试验的分类，研究性试验和生产鉴定性试验的区别。其中，结构试验的目的、任务、分类为重点。

学习目标：

通过本章的学习，要求学生掌握建筑结构试验的分类方法，了解结构试验的任务以及研究性试验和生产鉴定性试验的区别。

1.1　建筑结构试验的任务

新的结构理论一定要通过实践的检验来证实，而试验是最有效的措施。新的结构试验技术能够向人们揭示新的事实，提出新的问题，导致新的假设和新学说的出现。国家体育场在国内建筑结构上首次使用 Q460 规格的钢材，使用的钢板厚度达到 110mm，科研人员进行了长达半年多的科技攻关，前后 3 次试制终于获得成功，见图 1-1。

图 1-1　国家体育场

结构试验的任务：通过有计划地对结构受荷载以后的性能进行观测，并对其参数进行测量分析以达到对结构的工作性能做出评比，对结构的承载能力做出正确估计，并为验证和发展结构的计算理论提供可靠的依据。

1.2　建筑结构试验的目的

根据试验目的的不同，建筑结构试验可以分为科学研究性试验和生产鉴定性试验。

1.2.1　生产鉴定性试验

生产鉴定性试验其目的是通过试验来检验结构构件是否符合结构设计规范及施工验收规范的要求，并对检验结果做出技术结论。这类试验常应用在以下四个方面：

1. 检验结构工程质量，确定工程结构的可靠性

对于一些比较重要的结构与工程，除在设计阶段进行必要而大量的试验研究外，在实际结构建成以后，要求通过试验综合性地鉴定其质量的可靠程度。

2. 检验预制构件或部件的结构性能，判定预制构件的设计及制作质量

预制构件厂或建设工地生产的预制构件，在出厂或吊装前均应对其承载力、刚度和变形性能进行抽样检验，以确定其结构性能是否满足结构设计和构件检验规程的指标。此外，对某些结构构造较复杂的部件均应进行严格的质量检验。

3. 为工程改建或加固，判断结构的实际承载能力

对于既有建筑的扩建加层或进行加固，在单凭理论计算不能得到分析结论时，经常需通过试验来确定这些结构的潜在能力，这对于缺乏既有结构的设计计算与图纸资料、要求改变结构工作条件的情况更有必要。

4. 为处理工程事故提供技术根据

对于遭受地震、火灾、爆炸等原因而受损的结构，或者在建造和使用过程中发现有严重缺陷的危险性建筑，也往往有必要进行详细的检验。

1.2.2　科学研究性试验

科学研究性试验具有研究、探索和开发的性质，其目的在于验证结构设计某一理论或各种科学的判断、推理、假说及概念的正确性，以及提供设计依据，或者是为了创造某种新型结构体系及其计算理论。

研究性试验的试验对象即试验结构试件，它不一定是研究任务中的具体结构，更多的是经过力学分析后抽象出来的模型。模型必须反映研究任务中的主要参数。因而，研究性试验的试件都是针对某一研究目的而设计和制作。研究性试验一般都在室内进行，需要使用专门的加载设备和数据测试系统，以便对受载试件的变形性能做连续观察、测量和全面的分析研究，从而找出其变化规律，为验证设计理论和计算方法提供依据。这类试验通常研究以下三个方面的问题：

1. 验证结构设计计算的各种假定

结构设计中，人们经常为了计算上的方便，对结构计算因式和本构关系作某些简化。例如构件静力和动力分析中的本构关系的模型化，完全是通过试验加以确定的。

2. 为制定设计规范提供依据

我国现行的各种结构设计规范除了总结已有工程经验以外，还进行了大量结构或构件的模型试验和实体试验的研究，研究性试验为编制各类结构设计规范提供了基本资料与试验数据。事实上，现行规范采用的混凝土结构和砌体结构的计算理论，几乎全部是以试验研究的直接结果为基础的，这也进一步体现了结构试验学科在发展设计理论和改进设计方法上的作用。

3. 为发展和推广新结构、新材料与新工艺提供实践经验

随着建筑科学和基本建设发展的需要，新结构、新材料和新工艺不断涌现。例如，在钢筋混凝土结构中各种新钢种的应用，薄壁弯曲轻型钢结构的设计，以及大跨度结构、高层建筑与特种结构的设计施工等。但是一种新型材料的应用、一个新结构的设计和新工艺的施工，往往需要经过多次的工程实践与科学试验，即由实践到认识、由认识到实践的多次反复，从而积累资料，使设计计算理论不断改进和完善。

1.3 建筑结构试验的分类

根据不同的试验目的、荷载性质、试验对象、试验场合、荷载作用时间等不同因素进行分类，可分为静力试验和动力试验、真型试验和模型试验、短期荷载试验和长期荷载试验、试验室试验和现场试验等。

1.3.1 静力试验和动力试验

1. 静力试验

静力试验是结构试验中最常见的基本试验，因为大部分土木工程结构在使用时所承受的荷载以静荷载为主，一般可以通过重物或各种类型的加载设备来实现和满足加载要求。所谓"静力"一般是指试验过程中，结构本身运动的加速度效应（惯性力效应）可以忽略不计。根据试验性质的不同，静力试验可分为单调静力荷载试验、拟静力试验和拟动力试验。

静力试验的加载过程是从零开始逐步递增一直到结构破坏为止，也就是在一个不长的时间段内完成试验加载的全过程，因此，这类试验也称为"结构静力单调加载试验"。

拟静力试验也称低周反复荷载试验或伪静力试验。它是利用加载系统对结构施加逐渐增大的反复作用荷载或交替变化的位移，使结构或构件受力的历程与结构在地震作用下的受力历程基本相似，属于结构抗震试验方法，但其加载速度远低于实际结构在地震作用下所经历的变形速度。

近几年又发展了一种拟动力试验方法，即计算机联机试验。通过计算机和电液伺服加载系统联机对足尺或大比例的结构模型按实际的反应位移进行加载，使试验更接近于实际结构动力反应的真实情况，是在伪静力试验基础上发展起来的一种加载方法。拟动力试验也是一种结构抗震试验方法，是将地震实际反应所产生的惯性力作为荷载加在试验结构上，使结构所产生的非线性力学特征与结构在实际地震动作用下所经历的真实过程完全一致。

静力试验是结构试验中最大量、最常见的基本试验，因为大部分土木工程结构在工作时所承受的是静力荷载，一般可以通过重力或各种类型的加载设备来实现和满足加载要求。

在实际工作中，对于承受动力荷载的结构，人们为了了解结构在试验过程中静力荷载下的工作特性，在动力试验之前往往也先进行静力试验，结构抗震试验中虽然有计算机与加载器联机试验系统，可以弥补后一种缺点，但设备耗资较大，而且加载周期还是远远大于实际结构的基本周期。

2. 动力试验

动力试验是指动力加载设备直接对结构或构件施加动力荷载的试验。对实际工作中主要承受动荷载的结构构件，为了了解其在动荷载作用下的工作性能，需要通过动力加载设备直接对结构进行动力加载试验，如桥涵结构在运输车辆作用下的疲劳性能和动力特性问题、高层建筑和高耸构筑物在风荷载和地震作用下的抗震性能问题等。动力试验的分类主要有：动力特性试验，动力反应试验，疲劳试验，抗震试验及风洞试验等。

结构的动力特性是进行结构抗震计算、解决结构共振问题及诊断结构累积损伤的基本依据。因而结构动力特性参数的测试是动力试验的最基本内容。

由于荷载特性的不同，动力试验的加载设备和测试手段也与静力试验有很大的差别，并且要比静力试验复杂得多。

1）动力特性试验

结构动力特性是指结构物在振动过程中所表现出的固有性质，包括固有频率（又称自振频率）、振型和阻尼系数。结构的抗震设计、抗风设计计与结构动力特性参数密切相关。在结构分析中，采用振型分解法求得结构自振频率和振型的过程，称为模态分析。用试验获得这些模态参数的方法称为试验模态分析方法。通常，采用自由振动法、人工激励法或环境随机激励法使结构产生振动，同时测量并记录结构的速度响应或加速度响应，再通过信号分析得到结构的动力特性参数。动力特性试验的对象以整体结构为主，可以在现场测试原型结构的动力特性，也可以在试验室对模型结构进行动力特性试验。

2）动力反应试验

在实际工程中，经常需要对动荷载作用下结构产生的动力反应进行测定，包括测定结构在实际工作时的动力参数（振幅、频率、速度、加速度）、动应变、动位移等。与结构动力特性试验不同，结构动力特性试验测定的是结构自身的动力特性，而结构动力反应试验测试的是动荷载和结构相互作用下结构产生的响应。

3）疲劳试验

结构疲劳试验是指结构在等幅稳定、多次重复荷载下，为测试结构疲劳性能而进行的试验。量测的疲劳性能参数有疲劳强度和疲劳寿命，即量测多次重复荷载下的结构疲劳破坏时的强度值和荷载的重复次数。

当结构处于动态环境，其材料承受波动的应力或应变作用时，结构内的某一点或某一部分发生局部的、永久性的组织变化（损伤）的累积、递增过程称为疲劳。结构或构件的疲劳试验就是利用疲劳试验机使构件受到重复作用的荷载，从而确定重复作用荷载的大小、次数对结构强度的影响。疲劳试验的目的有鉴定构件性能、为科学研究提供依据等。

4）抗震试验

抗震试验是指在地震或模拟地震作用下研究结构抗震能力的专门试验，主要有低周反复静力试验、拟动力试验、地震模拟振动台试验。周期性抗震试验偏重结构抗震性能的研究和评定。非周期性抗震试验偏重对结构抗震能力的研究和评定。

（1）低周反复静力试验

低周反复静力试验又称拟静力试验，是抗震试验的一种。它是通过控制结构变形或控制施加荷载，由小到大对试验对象施加多次低周反复作用的力或位移，次数反复不是很多，但是荷载加载比较大，可以形成结构在正反两个方向加载和卸载的过程，使建筑物左右摆动，来模拟地震对结构的作用，并评定结构的抗震性能和能力；可以应用于各种结构的抗震性能研究，可以用来比较或验证抗震构造措施的有效性和确定结构的抗震极限承载力。

（2）拟动力试验

拟动力试验又称"伪动力试验"或"计算机 - 加载器联机试验"，是将计算机计算和控制与结构试验有机结合在一起的一种试验方法，也是一种抗震试验方法。拟动力试验的目的是模拟结构在地震作用下的行为。在结构拟动力试验中，将试验过程中测量的力、位移等数据输入计算机中，计算机根据结构的当前状态信息和输入的地震波，控制加载系统使结构产生计算确定的位移，由此形成一个递推过程。这样，计算机和试验机联机试验，便可得到结构在地震作用下的时程响应曲线。21 世纪以来，随着大型复杂结构的出现，拟动力试验朝着两个方向发展；在空间域上，为了整合不同地区的试验资源，拟动力试验由本地局部试验向网络协同试验发展；在时间域上，为了测试速度相关型试件，拟动力试验由现实中的快速试验向理想中的实时试验方向发展。

（3）地震模拟振动台试验

主要进行结构物的地震模拟试验，配合先进的测试仪器设备和数据采集分析系统，既可以在振动台台面上再现天然地震记录，使结构抗震试验水平得到提高，又促进了结构抗震设计理论、方法和计算模型的正确与否，尤其是许多高层结构和大型桥梁结构、海洋结构都是通过缩尺模型的模拟振动台试验来检验设计和计算结果的。

5）风洞试验

工程结构风洞试验装置是一种能够产生和控制气流，用以模拟建筑或桥梁等结构物周围的空气流动，并可测量气流对结构的作用，观察有关物理现象的一种管状空气动力学试验设备。在多层房屋和工业厂房结构设计中，房屋的风载体形系数就是风洞试验的结果。

1.3.2 真型试验和模型试验

根据试验对象的不同，可以分为真型试验和模型试验。

1. 真型试验

真型试验的试验对象一般是实际结构或是按实际结构足尺复制的结构或构件。例如核电站安全壳加压的整体性试验、工业厂房结构的刚度试验、楼盖承载能力试验以及桥梁在移动荷载下的动力特性试验等。另外，在高层建筑上直接进行风振测试和通过环境随机振动测定结构动力特性等也属此类。通过对上述实体结构物的检测和监测，可以对结构的整体性能及结构构造进行全面的了解。

由于结构抗震研究的发展，国内外开始重视对结构整体性能的试验研究，因为通过对这类足尺结构物进行试验，可以对结构构造、各构件之间的相互作用、结构的整体刚度以及结构破坏阶段的实际工作等进行全面的了解。

2. 模型试验

真型结构试验由于投资大、周期长、测量精度受环境因素影响，在物质上或技术上存在某些困难，人们在结构设计的方案阶段进行初步探索或对设计理论计算方法进行探讨研究时，可以用比真型结构缩小的模型进行试验。模型是仿照真型并按照一定比例关系复制而成的试验代表物，它具有实际结构的全部或部分特征，但尺寸却比真型小得多。图1-2为同济大学建筑结构试验室进行的上海中心关键节点模型试验。

模型的设计制作及试验是根据相似理论，用适当的比例和相似材料制成与实际结构几何相似的试验对象，在模型上施加相似力系，使模型受力后重演原型结构的实际工况，最后按照相似理论由模型试验结果推算实际结构的性能。为此，这类模型要求有比较严格的模拟条件，即要求做到几何相似、力学相似和材料相似等。

图1-2 上海中心关键节点试验

1.3.3 短期荷载试验和长期荷载试验

按荷载作用时间的长短，结构静力试验又可分为短期荷载试验和长期荷载试验。

1. 短期荷载试验

对于主要承受静力荷载的结构构件实际上荷载经常是长期作用的，但是在进行结构试验时限于试验条件、时间和基于解决问题的步骤，我们不得不大量采用短期荷载试验，即荷载从零开始施加到最后结构破坏或到某阶段进行卸荷的时间总和只有几十分钟、几小时或者几天。

对于承受动荷载的结构，即使是结构的疲劳试验，整个加载过程也仅在几天内完成，与实际工作有一定差别。对于爆炸、地震等特殊荷载作用时，整个试验加载过程只有几秒甚至是微秒或毫秒级的时速，这种试验实际上是一种瞬态的冲击试验。所以严格地讲这种短期荷载试验不能代替长期荷载试验。这种由于具体客观因素或技术的限制所产生的影响，在分析试验结果时就必须加以考虑。

2. 长期荷载试验

对于研究结构在长期荷载作用下的性能，如混凝土结构的徐变、预应力结构中钢筋的松弛、混凝土受弯构件的裂缝开展与刚度退化等，就必须要进行静力荷载作用下的长期试验。这种长期荷载试验也可称为持久试验，它将连续进行几个月甚至数年，通过试验以获得结构的变形随时间变化的规律。为了保证试验的精度，经常需要对试验环境有严格的控制，如保持恒温恒湿，防止振动影响等。

近年来兴起的结构健康监测是通过对结构的内力和变形进行长期观测，获取数据，并对结构的运行状态和可能出现的损伤进行监控，也属于长期荷载试验。

1.3.4 试验室试验和现场试验

结构试验按试验场合分为试验室试验和现场试验。

1. 试验室试验

试验室试验是指在有专门设备的试验室内进行的试验。试验室试验由于可以获得良好的工作条件，可以应用精密和灵敏的仪器设备进行试验，具有较高的准确度，甚至可以人为地创造一个适宜的工作环境，突出研究的主要方面，减少或消除各种不利因素对试验的影响，常用于研究性试验。

　　2. 现场试验

　　现场试验与室内试验相比，由于客观环境条件的影响，不宜使用高精度的仪器设备来进行观测，相对来看，进行试验的方法也可能比较简单粗糙，试验精度较差。现场试验多数用以解决生产性的问题，所以大量的试验是在生产和施工现场进行，有时研究的对象是已经使用或将要使用的结构物，现场试验也可获得实际工作状态下的数据资料，如图 1-3 现场复合地基静载荷试验所示。

图 1-3　现场复合地基静载荷试验

1.4　建筑结构试验的发展

1.4.1　先进大型设备

　　在现代制造技术的支持下，大型结构试验设备不断投入使用，使加载设备模拟结构实际受力条件（复杂多向，压力、水平推力、扭矩同时存在）的能力越来越强，大型风洞、大型离心机、大型火灾模拟结构试验系统等试验装备相继投入运行，使研究人员和工程师能够通过结构试验更准确地掌握结构性能，改善结构防灾抗灾能力，发展结构设计理论。例如，电液伺服压力试验机的最大加载能力达到 50 000kN，可以完成实际结构尺寸的高强度混凝土柱或钢柱的破坏性试验。

1.4.2　基于网络的远程协同结构试验技术

　　20 世纪末，美国国家科学基金会投入巨资建设"远程地震模拟网络"，通过远程网络联系各个结构试验室，利用网络来传输试验数据和试验控制信息，网络上各站点（结构试验室）在统一协调下进行联机结构试验，共享设备资源和信息资源，实现所谓的"无墙试验室"。基于网络的远程协同结构试验集结构工程、地震工程、计算机科学、信息技术和网络技术于一体，充分体现了现代科学技术渗透、交叉、融合的特点。我国也在积极开展这一领域的研究工作。例如，我国一些 PC 大体积混凝土温度和应变长期检（监）测项目通过 GPRS 网络，进行远程无线数据检（监）测，不仅可在现场实时检（监）测，还可通过人工智能云平台，以互联网形式，把信息远程传输到用户各自的办公室进行测控，此类创新技术解决了检（监）测人员一定要在试验现场的难题。

1.4.3　现代测试技术

现代测试技术的发展以新型高性能（精度高、灵敏度高、抗干扰能力强、测量范围大、体积小、性能可靠）传感器、数据采集技术与无损检测技术为主要方向。如结合微电子技术的智能传感器，可以在上千米范围内以毫米级的精度确定混凝土结构裂缝位置的新型光纤传感器等。与此同时，测试仪器与计算机技术相结合后，数据采集在采样速度、精度及容量方面有较大提升。在无损检测方面，我国在增强检测技术的量变研究方面，在提高技术精准性的基础上，加强混凝土无损检测技术的数据分析，将无损检测技术与工程应用相结合。

1.4.4　计算机仿真结合结构试验

计算机已成为结构试验必不可少的一部分。无论是安装在传感器中的微处理器、数字信号处理器（DSP），还是数据存储和输出、数字信号分析和处理、试验数据的转换和表达等，都与计算机密切相关。

特别值得一提的是大型试验设备的计算机控制技术和结构性能的计算机仿真技术。多功能高精度大型试验设备（以电液伺服系统为代表）的控制系统于 20 世纪末告别了传统的模拟控制技术，普遍采用计算机控制技术，使试验设备能够快速完成复杂的试验任务。以大型有限元分析软件为标志的结构分析技术也极大地促进了结构试验的发展，在结构试验前，通过计算分析、预测结构性能，制订试验方案；完成结构试验后，通过计算机仿真，结合试验数据，对结构性能做出完整的描述。在结构抗震、抗风、抗火等研究方向和工程领域，计算机仿真技术和结构试验的结合越来越紧密。

1.4.5　虚拟仿真教学试验

虚拟仿真是计算机科学技术在试验室建设和发展中的重要应用，结合土木工程专业实践性强、工程能力培养要求高的专业特点，土木工程虚拟仿真实践教学完善了实践教学体系，丰富了实践教学资源，为课程设计、毕业设计等提供平台支持。

虚拟仿真试验教学平台主要功能包括：① 利用平台实现虚拟试验仪器开展试验和搭建典型的试验项目；② 利用平台实现数字化工程设计和虚拟施工、调试及运行；③ 利用平台的网络化协同支持教学；④ 基于网络的宣传、交流和试验展示功能。

虚拟仿真试验教学平台的优势：① 摆脱土木工程试验在教学发展中受到种种因素的限制，如设备复杂、试验环境恶劣、试验费用高、建设周期长等问题；② 可避免破坏性大、危险性高的试验带来的风险，且降低操作时土木工程试验技术要求高的门槛；③ 可减小试验开放与资源共享的难度。

本章小结

　　本章系统介绍了结构试验的任务、目的以及分类。学习本章后，应熟悉结构试验的分类方法和依据，如试验目的、试验对象、试件的破坏与否、试验时间的长短、加载的性质以及试验的场地等。了解结构试验的目的和任务，主要包括：判断结构的实际承载力和极限承载力，验证设计计算方法的准确性，为结构的使用和改进提供数据等。

思考与练习题

　　1-1　建筑结构试验分哪几类？各类试验的目的是什么？

　　1-2　简述土木工程结构试验与检测技术的发展。

第 2 章　建筑结构试验的加载方法和设备

本章要点及学习目标

　　本章要点：
　　本章主要介绍静载荷、动载荷中常用的仪器设备及有关的基本知识，其中液压加载法是本章重点。学习本章时应了解结构试验室常用的各种加载设备，掌握各种加载方法的工作原理和适用范围。
　　学习目标：
　　了解结构试验室常用的各种加载设备；掌握各种加载方法的工作原理和适用范围。

2.1　概述

　　试验中产生荷载的方法和加载设备有很多种，正确地选择试验所用的荷载设备和加载方法，对顺利地完成试验工作和保证试验的质量，有着很大的影响。

2.2　重力加载

　　重力加载属于静力加载法，其原理是利用物体本身的重量加于结构上作为荷载。在试验室内可以利用的重物有专门浇铸的标准铸铁砝码、混凝土试块、水箱等；在现场则可就地取材，经常是采用普通的砂、石、砖块等建筑材料，或是钢锭、铸铁、废构件等。重物可以直接加于试验结构或构件上，或者通过杠杆间接加在构件上。

2.2.1　重力直接加载

　　重物荷载可直接堆放于结构表面形成均布荷载（图 2-1）或置于荷载盘上通过吊杆挂于结构上形成集中荷载。后者多用于现场做屋架试验，此时吊杆与荷载盘的自重应计入第一级荷载。试验荷载可就地取材，可重复使用，针对试验结构或试件的变形而言，可保持

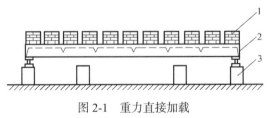

图 2-1　重力直接加载
1—加载重物；2—试件；3—支座

恒载，可分级加载，容易控制；但加载过程中需要花费较大的劳动力，占据较大的空间，安全性差，试验组织难度大。

使用砂石等松散材料、颗粒材料加载时，如果将材料直接堆放于结构表面，将会造成荷载材料本身的起拱，而对结构产生卸荷作用，为此，最好将颗粒材料置于一定容量的无底箱框中，然后叠加于结构之上，在试验构件跨度方向施加的箱框数量不应少于两个。

如果是采用形体较为规则的块状材料加载，如砖石、铸铁块、钢锭等，则要求叠放整齐，每堆重物的宽度不大于 $1/5L$（L 为试验结构的跨度），堆与堆之间应有一定间隔（30～50mm）。如果利用铁块钢锭作为载重时，为了加载的方便与操作安全，要求每块重量不大于 20kg。对于利用吊杆荷载盘作为集中荷载时，每个荷载盘必须分开或通过静定的分配梁体系作用于试验的对象上，使结构所受荷载明确。利用砂粒、砖石等材料作为荷载，它们的重度常随大气湿度而发生变化，故荷载值不易恒定，容易使试验的荷载值产生误差。

利用水作为重力加载用的荷载，是一个简易方便且甚为经济的方案（图 2-2）。水可

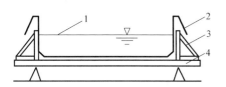

图 2-2 用水加载均布荷载
1—水；2—防水膜；3—水箱；4—试件

以盛在水桶内用吊杆作用于结构上，作为集中荷载；也可以采用特殊的盛水装置作为均布荷载直接加于结构表面。在加载时可以利用进水管，卸载时则利用虹吸原理，可以减少大量运输、加载的劳动力。在现场试验水塔、水池、油库等特种结构时，水是最为理想的试验荷载，它不仅符合结构物的实际使用条件，而且还能检验结构的抗裂、抗渗情况。

2.2.2 重力间接加载

杠杆加载也属于重力加载的一种。当利用重物作为集中荷载时，经常会受到荷载量的限制，因此，利用杠杆原理，将荷重放大作用于结构上。杠杆制作方便，荷载值稳定不变，当结构有变形时，荷载可以保持恒定，对于做持久荷载试验尤为适合，尤其是集中力。杠杆加载的装置根据试验室或现场试验条件的不同，可以有如图 2-3 所示的几种方案。

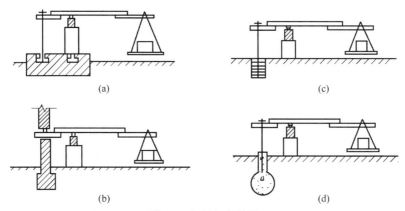

(a)   (c)

(b)   (d)

图 2-3 杠杆加载装置
（a）利用试验台座；（b）利用墙身；（c）利用平衡重；（d）利用桩

2.3　液压加载法

液压加载是目前结构试验中应用比较普遍和理想的一种加载方法。它的最大优点是利用油压使液压加载器（千斤顶）产生较大的荷载，试验操作安全方便，特别是对于大型结构构件试验，当要求荷载点数多、吨位大时更为合适。尤其是电液伺服系统在试验加载设备中得到广泛应用后，为结构动力试验模拟地震荷载、海浪波动等不同特性的动力荷载创造了有利条件，使动力加载技术发展到了一个新的高度。

2.3.1　液压千斤顶的工作原理

液压加载器（俗称千斤顶）是液压加载设备中的一个主要部件。其主要工作原理是用高压油泵将具有一定压力的液压油压入液压加载器的工作油缸，使之推动活塞，对结构施加荷载。荷载值由油压表示值和加载器活塞受压底面积求得，也可由液压加载器与荷载承力架之间所置的测力计直接测读，或用传感器将信号输给电子秤显示或由记录器直接记录。

液压加载器的类型：手动液压加载器、单向作用及双向作用的液压加载器。

普通手动液压加载器使用时先拧紧放油阀，掀动加载器所附有手动油泵的手柄，使储油缸中的油通过单向阀压入工作油缸，推动活塞上升。这种加载器的活塞最大行程（活塞可以上升的高度）为 20cm 左右。这类加载器规格很多，最大的加载能力可达 5000kg。由于这类加载器是使用手动油泵加载，目前已经很少使用。

为了配合结构试验同步液压加载的需要所专门设计的单向作用液压加载器的构造如图 2-4（a）所示。它的特点是储油缸、油泵、阀门等不附在加载器上，构造比较简单，只由活塞和工作油缸两者组成，整个加载器可按结构试验需要倒置安装，并适宜于多个加载器组成同步加载系统使用，适应多点加载要求。

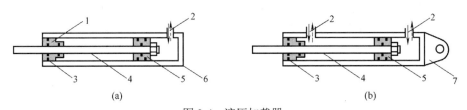

(a)　　　　　　　　　　　　　　(b)

图 2-4　液压加载器

（a）单向作用液压加载器；（b）双向作用液压加载器

1—端盖；2—进出油口；3—油封装置；4—活塞杆；5—活塞；6—工作液压缸；7—固定座

为适应结构抗震试验施加低周反复荷载的需要，采用了一种双向作用的液压加载器（图 2-4b），它的特点是在油缸的两端各有一个进油孔，设置油管接头，可通过油泵与换向阀交替进行供油，由活塞对结构产生拉压双向作用施加反复荷载。

2.3.2　静力试验液压加载装置的工作原理

液压加载法中利用前述普通手动液压加载器配合加荷承力架和静力试验台座使用，是最简单的一种加载方法，设备简单，作用力大，加载卸载安全可靠，与重力加载法相比，可大大减轻笨重的体力劳动。但是，如要求多点加荷时则需要多人同时操纵多台液压加载器，这时难以做到同步加载卸载，尤其当需要恒载时更难以保持稳压状态。所以，比较理想的加载方法是采用能够变荷的同步液压加载设备来进行试验。

液压加载系统主要是由储油箱、高压油泵、液压加载器、测力装置和各类阀门组成的操纵台通过高压油管连接组成。利用液压加载试验系统可以做各类建筑结构（屋架、梁、柱、板、墙板等）静荷试验，尤其对大吨位、大挠度、大跨度的结构更为适用，它不受加荷点数的多少、加荷点的距离和高度的限制，并能适应均布和非均布、对称和非对称加荷的需要。

2.3.3 大型结构试验机

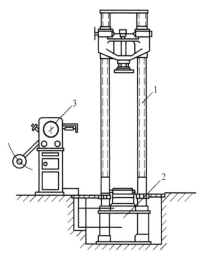

大型结构试验机本身就是一种比较完善的液压加载系统。它是结构试验室内进行大型结构试验的一种专门设备，比较典型的是结构长柱试验机，用以进行柱、墙板、砌体、节点与梁的受压与受弯试验。这种设备的构造和原理与一般材料试验机相同，由液压操纵台、大吨位的液压加载器和试验机架三部分组成。由于进行大型构件试验的需要，所以它的液压加载器的吨位要比一般材料试验机的容量大，一般至少在2000kN以上，机架高度在3m左右或更大。目前国内普遍使用的长柱试验机的最大吨位是5000kN，试件最大高度可达3m（图2-5）。国外有高达7m净空，最大荷载为10000kN的甚至更大的结构试验机。

这类大型结构试验机还可以通过专用的中间接口与计算机相连，由程序控制自动操作。此外还配以专门的数据采集和数据处理设备，试验机的操纵和数据处理能同时进行。

图 2-5 长柱结构试验机
1—试验机架；2—液压加载器；
3—液压操作台

2.3.4 电液伺服试验加载系统

电液伺服液压系统在20世纪50年代中期开始首先应用于材料试验，它的出现是材料试验机技术领域的一个重大进展。由于它可以较为精确地模拟试件所受的实际外力，产生真实的试验状态，所以在近代试验加载技术中又被人们引入到结构试验的领域中，用以模拟并产生各种振动荷载，特别是地震、海浪等荷载对结构物的影响，对结构构件的实物或模型进行加载试验，以研究结构的强度及变形特性。它是目前结构试验研究中一种比较理想的试验设备，特别是用来进行抗震结构的静力或动力试验，尤为适宜，所以愈来愈受到人们的重视和被广泛应用。

电液伺服系统目前采用闭环控制，其主要组成是有电液伺服加载器（图2-6）、控制系统和液压源三大部分，它可将负荷、应变、位移等物理量直接作为控制参数，实行自动控制。

电液伺服液压系统的基本闭环回路如图2-7所示，其中包括输入指令信号、反馈信号和误差信号，以便连续地调节反馈使与指令相等，完成对试件的加载要求。

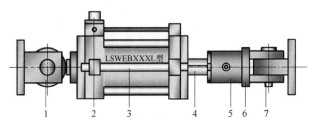

图 2-6   液压加载器构造示意图

1—铰支基座；2—位移传感器；3—电液伺服阀；4—活塞杆；
5—荷载传感器；6—螺旋垫圈；7—铰支接头

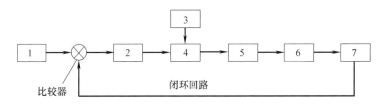

图 2-7   电液伺服液压系统的基本闭环回路

1—指令信号；2—调整放大系统；3—油源；4—伺服阀；5—加载器；6—传感器；7—反馈系统

目前电液伺服液压试验系统大多数均与电子计算机配合联机使用。这样整个系统可以进行程序控制，扩大系统功能：输出各种波形信号；进行数据采集和数据处理；控制试验的各种参数和进行试验情况的快速判断。

2.3.5   电液伺服振动台

地震模拟振动台是再现各种地震波对结构进行动力试验的一种先进试验设备，其特点是具有自动控制和数据采集及处理系统，采用了电子计算机和闭环伺服液压控制技术，并配合先进的振动测量仪器，使结构动力试验水平提到了一个新的高度，如图 2-8 所示。

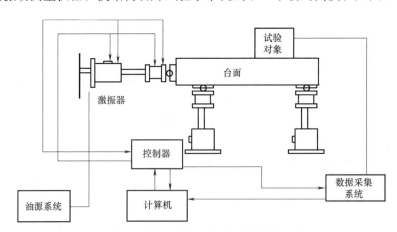

图 2-8   振动台闭环控制系统

振动台台面是有一定尺寸的足够刚性的平板结构，其尺寸的规模是由结构模型的最大尺寸来决定。台体自重和台身结构与承载的试件重量及使用频率范围有关。一般振动台都采用钢结构，控制方便、经济而又能满足频率范围要求，模型重量和台身重量之比以不大于 2 为宜。振动台必须安装在质量很大的基础上，基础的重量一般为可动部分重量或激振力的 10～20 倍以上，这样可以改善系统的高频特性，并可以减小对周围建筑和其他设备的影响。

振动台系统是一个闭环控制系统，具体的工作流程可以简单描述成这样：由计算机程序发出指令信号，通过 D/A 转换器将数字量转换成模拟量，再通过专用接口输入到电液伺服控制器，电液伺服控制器接收到模拟信号后，传到电液伺服阀，电液伺服阀将电信号成比例地转换成液压输出，驱动执行机构也就是液压伺服作动器进行动作。与此同时电液伺服作动器的内、外传感器，包括内部行程传感器、力传感器、外部试件上的位移传感器等，将不同的电信号反馈到电液伺服控制器，电液伺服控制器将反馈信号与开始的输出指令作比较，比较后的差值信号通过伺服放大器驱动作动器动作，直到反馈信号与输出指令的比较差值小于规定的允许误差。A/D 转换器按照控制软件设定的采样频率通过专用接口不停地从电液伺服控制器中采集模拟信号，并将其转化成数字信号传到计算机终端。计算机终端根据采集到的信号实时地进行监控，并调整决定下一步加载的方案，于是整个系统就形成了一个闭环系统，从而实现结构加载试验的自动化。

振动台台面最基本的运动参数是位移、速度和加速度以及使用频率。一般是按模型比例及试验要求来确定台身满负荷时的最大加速度、速度和位移等数值。最大加速度和速度均需按照模型相似原理来选取，使用频率范围由所作试验模型的第一频率而定，一般各类结构的第一频率在 1～10Hz 范围内，故整个系统的频率范围应该大于 10Hz。为考虑到高阶振型，频率上限当然越大越好，但这又受到驱动系统的限制，即当要求位移振幅大了，加载器的油柱共振频率下降，缩小了使用频率范围，为此这些因素都必须权衡后确定。

2.4 惯性力加载法

在结构动力试验中，利用物体质量在运动时产生的惯性力对结构施加动力荷载；也可以利用弹药筒或小火箭在炸药爆炸时产生的反冲力，对结构进行加载。

2.4.1 初位移法

初位移法也称为张拉突卸法。如图 2-9 所示，在结构上拉一钢丝缆绳，使结构变形而产生一个人为的初始强迫位移，然后突然释放，使结构在静力平衡位置附近作自由振动。在加载过程中当拉力达到足够大时，事先连接在钢丝绳上的钢拉杆被拉断而形成突然卸载，通过调整拉杆的截面即可由不同的拉力而获得不同的初位移。

对于小模型则可采用图 2-9（b）的方法，使悬挂的重物通过钢丝对模型施加水平拉力，剪断钢丝造成突然卸荷。这种方法的优点是结构自振时荷载已不存在于结构，没有附加质量的影响；但仅适用于刚度不大的结构，才能以较小的荷载产生初始变位。为防止结构产生过大的变形，所以加荷的数量必须正确控制，经常是按所需的最大振幅计算求得。这种试验一个值得注意的问题是使用怎样的牵拉和释放方法才能使结构仅在一个平面内产生振动，防止由于加载作用点的偏差而使结构在另一平面内同时振动产生干扰。

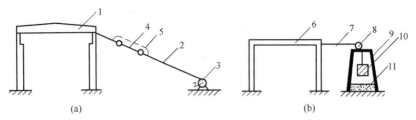

图 2-9 用张拉突卸法对结构施加冲击力荷载

1—结构物；2—钢丝绳；3—绞车；4—钢拉杆；5—保护索；6—模型；
7—钢丝；8—滑轮；9—支架；10—重物；11—减振垫层

2.4.2 初速度加载法

初速度加载法也称突加荷载法。如图 2-10（a）、（b）所示，利用摆锤或落重的方法使结构在瞬时内受到水平或垂直的冲击，产生一个初速度，同时使结构获得所需的冲击荷载。这时作用力的总持续时间应该比结构的有效振型的自振周期尽可能短些，这样引起的振动是整个初速度的函数，而不是力大小的函数。

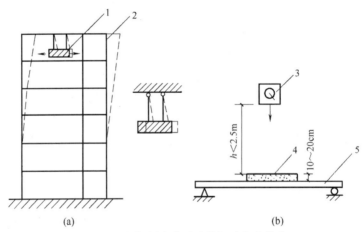

图 2-10 用摆锤或落重法施加冲击力荷载

1—摆锤；2—结构；3—落重；4—砂垫层；5—试件

当用如图 2-10（a）的摆锤进行激振时，如果摆和建筑物有相同的自振周期，摆的运动就会使建筑物引起共振，产生自振振动。使用如图 2-10（b）这样的方法，荷载将附着于结构一起振动，并且落重的跳动又会影响结构自振阻尼振动，同时有可能使结构受到局部损伤。这时冲击力的大小要按结构强度计算，不致使结构产生过大的应力和变形。

用垂直落重冲击时，落重取结构自重的 0.10%，落重高度 $h < 2.5m$，为防止重物回弹再次撞击和局部受损，拟在落点处铺设 10～20cm 的砂垫层。

2.4.3 离心力加载法

离心力加载是根据旋转质量产生的离心力对结构施加简谐振动荷载。其特点是运动具有周期性，作用力的大小和频率按一定规律变化，使结构产生强迫振动。

将激振器底座固定在被测结构物上，由底座把激振力传递给结构，致使结构受到简谐变化激振力的作用。一般要求底座有足够的刚度，以保证激振力的传递效率。激振器产生的激振力等于各旋转质量离心力的合力。改变质量或调整带动偏心质量运转电机的转速，即改变角速度，即可调整激振力的大小。

2.5 机械力加载法

机械力加载常用的机具有吊链、卷扬机、绞车、花篮螺栓、螺旋千斤顶及弹簧等。吊链、卷扬机、绞车和花篮螺栓等主要是配合钢丝或绳索对结构施加拉力，还可与滑轮组联合使用，改变作用力的方向和拉力大小。拉力的大小通常用拉力测力计测定，按测力计的量程有两种装置方式。

螺旋千斤顶是利用齿轮及螺杆式蜗轮蜗杆机构传动的原理，当摇动手柄时，就带动螺旋杆顶升，对结构施加顶推压力，用测力计测定加载值。

弹簧加载法常用于构件的持久荷载试验。图 2-11 所示为弹簧施加荷载进行梁的持久试验装置。当荷载值较小时，可直接借助拧紧螺帽以压缩弹簧；加载值很大时，需用千斤顶压缩弹簧后再拧紧螺帽。弹簧变形值与压力的关系预先测定，故在试验时只需知道弹簧最终变形值，即可求出对试件施加的压力值。用弹簧作持久荷载时，应事先估计到由于结构徐变使弹簧压力变小时，其变化值是否在弹簧变形的允许范围内。

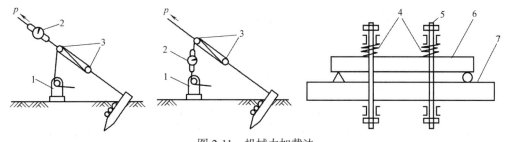

图 2-11 机械力加载法

1—绞车或卷扬机；2—测力计；3—滑轮；4—弹簧；5—螺杆；6—试件；7—台座或反弯梁

机械力加载的优点是设备简单，容易实现，当通过索具加载时，很容易改变荷载作用的方向，故在建筑物、柔性构筑物（桅杆、塔架等）的实测或大尺寸模型试验中，常用此法施加水平集中荷载。其缺点是荷载值不大，当结构在荷载作用点产生变形时，会引起荷载值的改变。

2.6 气压加载法

利用气体压力对结构加载有两种方式：一种是利用压缩空气加载；另一种是利用抽真空产生负压对结构构件施加荷载。由于气压加载所产生的为均布荷载，所以，对于平板或壳体试验尤为适合。由空气压缩机将空气通过蓄气室打入气囊，通过气囊对结构施加垂直于被试结构的均布压力。蓄气室的作用是储气和调节气囊的空气压力，由气压表测定空气压力，由气压值及气囊与结构接触面积求得总加载值。

压缩空气加载法的优点是加载卸载方便、压力稳定，缺点是结构受载面无法观测。对于某些封闭结构，可以利用真空泵抽真空的方法，造成内外压力差，即利用负压作用使结构受力。这种方法在模型试验中用得较多。

2.7　电磁加载法

在磁场中通电的导体要受到与磁场方向相垂直的作用力，电磁加载就是根据这个原理，在磁场（永久磁铁或直流励磁线圈）中放入动圈，通入交变电流，则可使固定于动圈上的顶杆等部件做往复运动，对试验对象施加荷载。若在动圈上通以一定方向的直流电，则可产生静荷载。目前常见的电磁加载设备有电磁式激振器和电磁振动台。

电磁式激振器是由磁系统、动圈、弹簧、顶杆等部件组成。电磁激振器使用时装于支座上，可以做垂直激振，也可以做水平激振。电磁式激振器的频率范围较宽，一般在 0～200Hz，国内个别产品可达 1000Hz，推力可达几个千牛，重量轻，控制方便，按给定信号可产生各种波形的激振力。缺点是激振力不大，一般仅适合于小型结构及模型试验。

电磁振动台原理基本上与电磁激振器一样，在构造上实际是利用电磁激振器来推动一个活动的台面而构成。电磁振动台通常是由信号发生器、振动自动控制仪、功率放大器、振动台激振器和台面组成。电磁振动台的使用频率范围较宽，台面振动波形较好，一般失真度在 5% 以下，操作使用方便，容易实现自动控制。但用电磁振动推动一水平台面进行结构模型试验时，经常会受到激振力的限制，以致台面尺寸和模型重量均会受到限制。

2.8　人激振动加载法

在上述所有动力试验的加载方法中，一般都需要比较复杂的设备，这有时在试验室内尚可满足，而在野外现场试验时经常会受到各方面的限制。因此希望有更简单的试验方法，它既可以给出有关结构动力特性的资料数据而又不需要复杂设备。

在试验中发现，人们可以利用自身在结构物上的有规律的活动，即使人的身体做与结构自振周期同步的前后运动，产生足够大的惯性力，就有可能形成适合作共振试验的振幅。这对于自振频率比较低的大型结构来说，完全有可能被激振到足可进行量测的程度。

2.9　环境随机振动激振法

在结构动力试验中，除了利用以上各种设备和方法进行激振加载以外，环境随机振动激振法近年来发展很快，被人们广泛应用。

环境随机振动激振法也称为脉动法。人们在许多试验观测中，发现建筑物经常处于微小而不规则振动之中。这种微小而不规则的振动来源于微小的地震活动以及诸如机器运转、车辆来往等人为扰动的原因，使地面存在着连续不断的运动，其运动幅值极为微小，而它所包含的频谱是相当丰富的，故称为地面脉动。由地面脉动激起建筑物经常处于微小而不规则的振动中，通常称为建筑物脉动。可以利用这种脉动现象来分析测定结构的动力特性，它不需要任何激振设备，又不受结构形式和大小的限制。

本章小结

　　本章系统介绍了试验室和现场试验常用的加载方法和试验装置。学习本章后，应熟悉正确选择和使用各种方法进行加载设计的各个环节，重点掌握液压加载方法，对于电液伺服系统加载方法、模拟地震振动台和环境随机激振方法等作一般了解。

思考与练习题

　　2-1　简述液压加载系统的组成部分。

　　2-2　电液伺服加载系统的工作原理是什么？

第3章 建筑结构试验设计

本章要点及学习目标

本章要点：

本章主要讲述了建筑结构试验的一般流程、模型试验设计、结构试验试件设计的方法以及结构试验荷载设计和观测设计方法。其中模型试验的相似条件、结构试验荷载设计和观测设计为本章的重点内容。

学习目标：

了解建筑结构试验的一般流程和结构试验试件设计的方法；了解各类模型的设计原理和制作方法，熟悉相似理论，掌握相似条件；掌握结构试验的荷载设计和观测设计方法。

3.1 概述

为达到建筑结构试验的目的，完成某一具体试验任务，建筑结构试验实施过程中一般需要包含结构试验方案设计、结构试验准备、结构试验实施和结构试验结果分析等主要环节。每个环节的工作内容和它们之间的关系如图 3-1 所示。

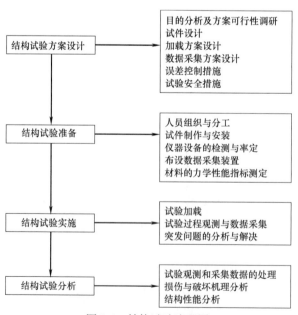

图 3-1　结构试验流程图

从图 3-1 中可以看出，结构试验方案设计是整个结构试验中极为重要的一项工作，其主要内容是对所要进行的结构试验工作进行全面的规划与设计，制定的试验计划与试验大纲对整个试验起着统管全局和具体指导的作用。

3.1.1 结构试验方案设计

结构试验方案设计是整个试验中首要的一项全局性工作，关乎试验成败与否。其主要内容是对所要进行研究的结构进行全面细致地调研分析，明确试验目的，进行全面的试验设计和规划，使整个试验工作沿着正确合理的路线进行。

具体工作中，首先应该反复研究，明确试验目的，充分了解试验研究或生产鉴定的任务要求，通过调查研究收集有关资料，确定试验的性质与规模。然后进行试件的设计，选定合适的试验场所，拟定加载与测量方案，准备试验设备、配件和仪表附件，制定安全措施等。此外，还应合理统筹试验参与人员、试验材料，提出试验经费预算及消耗性器材数量与设备使用时间安排等。在上述工作的基础上，制定试验研究大纲和试验进度计划。

对于以具体结构为对象的工程现场检测、鉴定性试验，前期必须对结构物进行实地考察，通过调查研究，收集有关资料，包括有关文件、设计和施工资料。关于使用情况则需要向业主调查，了解结构受损的起因、过程和现状。对于实际调查的结果要加以整理，作为进行试验设计的依据。

此外，在进行试验方案设计时，还应该有针对性地做理论计算和分析，以利于选择合适的设备仪表，制定合理的测点布设及加载方案；有时为解决某些不确定性较大的问题，可先做一些试探性试验，为试验设计和技术措施提供依据。

3.1.2 结构试验准备

试验准备工作耗时长、涉及面广、工作量大，一般情况下，试验准备工作占全部试验工作量的 60% 以上。准备工作内容主要有：试件的制作、检查与安装，安装加载设备，仪器仪表的率定，做辅助试验，仪表的安装与调试，记录表格的设计准备，控制性参数的计算，日志记录等。试验准备阶段的工作质量直接影响到试验能否顺利进行和获得可靠试验数据的多少。因此，在准备阶段应特别注意各个工作环节的工作质量，认真准备每一项工作并做好记录。

3.1.3 结构试验实施

对准备阶段制备的试件或现场既有结构施加荷载是整个试验工作的中心环节。试验过程中，要按照试验设计中拟定的加载制度和量测顺序进行，应随时跟踪、分析、判断，如钢筋应变、裂缝宽度与高度等重要量测数据，发现有反常情况时应查明原因，分析影响，排除故障后，方可继续进行试验。试验过程中，尤其是进行第一个试件的试验时，需要工作人员严格按照试验方案，集中精力，观察试验过程中的每一个细节，以便及时发现问题、解决问题。

试验过程中，应忠实记录和采集量测数据，对于如节点松动、钢筋混凝土裂缝的出现和发展等结构外观变化还应采用拍照、摄像等图像记录方式跟踪记录，以便今后核查、研究。

3.1.4　结构试验分析

结构试验过程中所获得的大量数据和结构受力特征等资料需要进行初步分析、筛选后才能进行进一步的研究分析，此阶段称为数据处理阶段。数据处理阶段需要将数据进行科学的整理、分析和计算，做到去伪存真，特别注意不得以任何目的随便更改数据。数据处理好后，应及时汇总所有试验资料，进行深入的分析，编写总结报告。

结构试验是一项细致而复杂的系统性工作，要求进行周密的组织与设计，按照计划有步骤地实施。结构试验工作繁琐、复杂，容易发生意外导致试验失败，甚至发生安全事故，因此，要求试验负责人和全体参与人员付出极大努力，周密细致、严肃认真地对待每一个工作环节，确保试验顺利进行，从而达到试验的预期要求。

3.2　结构动力试验设计

建筑结构在使用过程中除了承受静力作用外，还常常承受各种动荷载的作用，如风荷载、地震作用、动力设备对工业建筑的作用、冲击及爆炸荷载等。动荷载除了增大结构受力外，还会引起结构的振动，甚至会引起结构发生疲劳破坏。为了确定结构的动力特性及疲劳特征等，常常需要进行结构动力试验。动力与静力试验明显的区别在于荷载随时间连续变化、结构反应与自身动力特性相关。

3.2.1　结构动力特性试验

结构动力特性试验的基本内容是测量一些结构动力特性的基本参数，包括结构的自振频率、阻尼系数和振型等，这些参数是由结构形式、质量分布、结构刚度、材料性质、构造连接等因素决定，反映结构本身所固有的动力性能，与外荷载无关。

用试验法测定结构动力特性，应设法使结构起振，通过分析记录到的结构振动形态，获得结构动力特性的基本参数。结构动力特性试验方法有迫振方法和脉动试验方法两类。迫振方法是对被测结构施加外界激励，强迫结构起振，根据结构的响应获得结构的动力特性。常用的迫振方法有自由振动法和共振法。脉动试验方法是利用地脉动对建筑物引起的振动过程进行记录分析以得到结构动力特性的试验方法，这种试验方法不需要对结构另外施加外界激励。

1. 自由振动法

自由振动法是设法使结构产生自由振动，通过分析记录仪记录下的有衰减的自由振动曲线，获得结构的基本频率和阻尼系数。使结构产生自由振动的方法较多，通常可采用突加荷载法和突卸荷载法，在现场试验中还可以使用反冲激振器产生冲击荷载，使结构产生自由振动。

2. 共振法

共振现象是结构在受到与其自振周期一致的周期荷载激励时，若结构的阻尼为零，则结构的响应随时间增加为无穷大；若结构的阻尼不为零，则结构的响应也较大。共振法就是利用结构的这种特性，使用专门的激振器，对结构施加简谐荷载，使结构产生稳态的强迫简谐振动，借助对结构受迫振动的测定，求得结构动力特性的基本参数。

3. 脉动法

建筑物由于受外界环境的干扰而经常处于微小而不规则的振动之中，其振幅一般在 0.01mm 以内，这种环境随机振动称为脉动，脉动法即利用脉动来测量和分析结构动力特性。由于脉动源是一个随机过程，因此脉动也必然是一个随机过程。大量试验证明，建筑物或桥梁的脉动能明显反映结构本身的固有频率及其自振特性。

采用脉动法的优点：不需要专门的激振设备，不受结构形式、大小的限制。但由于振动信号较弱，测量时要选用低噪声、高灵敏度的测振传感器和放大器，并配有速度足够快的记录设备。

3.2.2　结构动力反应试验

1. 结构动态参数测量

结构动力反应试验测量的参数包括振幅、频率、速度、加速度、动应变等。

在测试时，需根据结构情况和试验目的布置适当的仪器，包括位移传感器、速度传感器、加速度传感器、电阻应变计等，并记录振动波形。

2. 结构振动形态测量

结构振动形态以振动变形图表示。通过记录仪器将测点的振动波形记录下来，根据相位关系确定变形的正负号，再根据振幅大小按一定比例绘制在图上，最后将其连接构成结构在动荷载作用下的振动变形图。

3. 结构动力系数测量

对于承受动荷载作用的结构，如工业建筑中的吊车梁等，需要确定其动力系数，用以判定结构的工作情况。

3.3　结构试验的试件设计

结构试验的试件可以取实际结构（原型）的整体或者其一部分，当不能采用原型结构进行试验时，也可用 1∶1 的足尺模型或缩小比例的缩尺模型。图 3-2 为某新材料结构柱和梁的小比例缩尺模型。

试件设计应包括试件形状的选择、试件尺寸与数量的确定以及构造措施的研究考虑，同时还必须满足结构与受力的边界条件、试件的破坏特征、试件加载条件的要求。

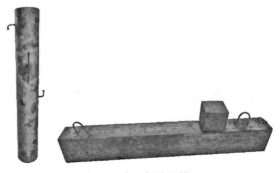

图 3-2　小比例缩尺模型

3.3.1　试件形状

在设计试件形状时，最重要的是必须考虑与试验目的相一致的应力状态。对于静定结构中的单一构件，如梁、柱等，一般构件的实际形状都能满足要求。但对于从整体结构中取出部分构件单独进行试验时，特别是在比较复杂的超静定体系中必须注意其边界条件的模拟，使其能如实反映该部分结构构件的实际工作状态。

简单情况下的框架试验中，大多设计成支座固结的单层单跨框架，如图 3-3 所示。相比之下，对于支座固结的多层多跨框架（图 3-4）试验，其需要考虑的因素就复杂得多。

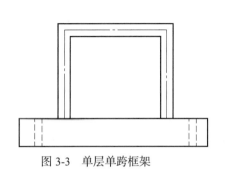

图 3-3　单层单跨框架

图 3-4　多层多跨框架

3.3.2　试件尺寸

结构试验所用试件的尺寸和大小，从总体上可分为真型（实物构件）和模型两大类。国内外建筑结构试验研究中，试件的尺寸既有模拟真型的足尺试件，又有缩尺到很小的结构模型试件。

一般来说，静力试验试件的尺寸应该控制在合理的范围内，不能过于追求真型试验，造成对试验设备和试验环境的要求较高。对于缩尺试件，需要考虑尺寸不能太小，以防产生尺寸效应，影响试验结果。大比例缩尺的构件截面，一般建议不小于以下尺寸：微型混凝土截面为 40mm×60mm、普通混凝土截面 100mm×100mm。试件设计中，建议普通混凝土试件截面边长应大于 120mm，砌筑墙体大于真实墙体的 1/4。

图 3-5　央视主楼大比例缩尺模型

国内外大量研究表明，虽然足尺真型试件能真实反映结构受力反应，但适量缩尺模型试件的试验结果与足尺真型试件并无显著差异，且后者对试验条件要求高，耗费巨大。因此，除特殊研究要求外，可多采用适量缩尺试件进行试验研究，这样既可以增加试验数量和类型，又可以降低试验消耗。对于局部性的试件尺寸，可取真型的 1/4～1 倍，对于整体性的结构试件，可取为 1/30～1/5。图 3-5 是央视主楼为在模拟地震振动台上进行试验而制作的大比例缩尺模型。

3.3.3　试件数量

对于生产性试验和预制构件，一般按照试验任务的要求或相关检测验收规范的规定。

对于科研型试验，试件是按照研究要求专门设计制造的，如研究钢筋混凝土短柱抗剪强度试验时，对试验具有影响的参数有混凝土强度等级、受拉钢筋配筋率、配箍率、轴向应力和剪跨比等，这些统称为主要分析因子。同时，对每一个参数又要考虑几种状态，如剪跨比 $\lambda = 2$，3，4，…，称为水平数。试件设计时必须将它们相互组合起来，才能研究各个参数与其相应各种状态对试验结果的影响。此种试件数量的设计方法称为因子设计法，也称全面试验法或全因子设计法。试件数量等于以水平数为底以因子数为次方的幂函数，即：试件数＝水平数^{因子数}，因子设计法试件组合数目见表3-1。

因子设计法试件组合数目 表3-1

因子数 \ 水平数	2	3	4	5
1	2	3	4	5
2	4	9	16	25
3	8	27	64	125
4	16	81	256	625
5	32	243	1024	3125

由表3-1可见，因子数和水平数稍有增加，试件的数量就极大的增多。如研究短柱抗剪强度时，混凝土只用一种强度等级C20，实际因子数为4、水平数为3时，试件数为81个，如若水平数增加为4时，试件数达到256个。所以，因子设计法在结构试验试件数量设计时不常采用。

试验工作者在试验设计中经常采用一种解决多因素问题的试验设计方法——正交试验设计法，主要应用根据均衡分散、整齐可比的正交理论编制的正交表来进行整体设计和综合比较。正交设计法科学地解决了各因子和水平数相对结合可能参与的影响，也妥善解决了试验所需要的试件数与实际可生产的试件数之间的矛盾。

仍以钢筋混凝土柱抗剪强度研究为例，用正交试验法进行试件数量设计。如前所述，主要影响因素为5，混凝土采用一种强度等级C20，这样实际因子数只为4，每个因子有3个档次，即水平数为3。各参数详见表3-2。

钢筋混凝土柱抗剪强度试验分析因子与水平数 表3-2

主要分析因子	因子档次（因子数）	1	2	3
A	钢筋配筋率	0.4	0.8	1.2
B	配箍率	0.2	0.33	0.5
C	轴向应力	20	60	100
D	剪跨比	2	3	4
E	混凝土强度等级 C20	13.5MPa		

根据正交表$L_9(3^4)$，试件主要因子组合如表3-3所示。通过正交设计法进行设计，原来需要81个试件可综合为9个试件。由此可见，正交试验设计可以只需要少量的试件就可得到主要的信息，对研究问题做出综合评价。不足之处是不能提供某一因子的单值变化与试验目标之间的函数关系。

试件数量设计是一个多因素问题，在实践中我们应该使整个试验的数目少而精，以质取胜，切忌盲目追求数量。应使所设计的试件尽可能做到一件多用，即以最少的试件，最小的人力、经费，得到最多的数据。

正交法试件因子组合　　　　　　　　　　　　　表 3-3

试件	A	B	C	D	E
	配筋率	配箍率	轴向应力	剪跨比	混凝土强度
1	0.4	0.20	20	2	C20
2	0.4	0.33	60	3	C20
3	0.4	0.50	100	4	C20
4	0.8	0.20	60	4	C20
5	0.8	0.33	100	2	C20
6	0.8	0.50	20	3	C20
7	1.2	0.20	100	3	C20
8	1.2	0.33	20	4	C20
9	1.2	0.50	60	2	C20

3.3.4　试件设计中需要注意的问题

在试件设计制作中，必须同时考虑试件安装、加载、量测的需要，对试件进行合理的构造设计。例如混凝土试件的支撑点处等受局部作用的部位应预埋钢垫板（图 3-6a）；屋架试验受集中荷载作用的位置应埋设钢板，以防止试件受局部承压而破坏；荷载加载面倾斜时，应做出凸缘（图 3-6b），以保证加载设备的稳定设置；在低周反复试验时，为满足构件单侧表面施加反复荷载的需要，应在荷载施加点处预埋承载钢板，以便连接加载用液压装置和荷载传感器（图 3-6c）；在做混凝土偏心受压构件试验时，试件两端应做成牛腿状，且宜布置多层钢筋网片，以保证试件的顺利安装和加载（图 3-6d）；连续梁安装过程中，应采取措施保持全部支座受力均匀，防止因支座悬空而对试验结果产生影响。应根据不同试件和加载方法采用不同的构造措施，在保证试验按预期进行的同时考虑局部措施对试验结果可能带来的误差。

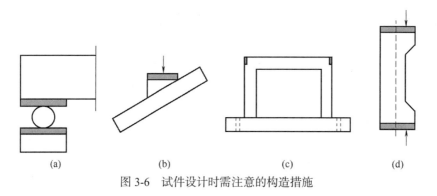

图 3-6　试件设计时需注意的构造措施

3.4　结构试验的模型设计

结构试验除了在原型结构上进行试验和对工程结构中的局部构件（如梁、柱、板等）尺寸不大的可做足尺试验外，其余大多是通过各相关条件模拟的模型试验。考虑到试验设备和经济等原因，通常都是做缩尺比例的结构模型试验。结构试验模型一般缩尺比例较小，具有实际工程结构的全部或部分特征，一般用于研究性试验。

建筑结构模型试验按研究的范围和目的可将结构模型分为弹性模型、强度模型和间接模型。弹性模型的试验目的是获得原结构在弹性阶段的资料，研究范围限于结构的弹性工作阶段，模型材料不必和原型结构材料完全相似，例如，用有机玻璃制作的桥梁弹性模型。强度模型研究原型结构受荷全过程性能，重点是破坏形态和极限承载能力。强度模型的材料与原型结构相同，钢筋混凝土结构的模型试验常采用强度模型。间接模型试验的目的是要得到关于结构的支座反力及弯矩、剪力、轴力等内力资料（如影响线图等）。因此，间接模型并不要求和原型结构直接相似，目前已很少使用，大多为计算机分析所替代。

3.4.1 相似理论基础

1. 模型相似的概念

结构模型试验中的相似是指模型和实物相对应的物理量相同或成比例。在相似系统中，各相同物理量之比称为相似常数、相似系数或相似比。

1）几何相似

"几何相似"要求模型和原型对应的尺寸成比例，该比例即为几何相似常数。例如矩形截面简支梁，原型结构截面尺寸为 $b_p \times h_p$，跨度为 L_p。结构试验所做模型结构对应的参数为 b_m、h_m、L_m。几何相似常数为：

$$\frac{h_m}{h_p} = \frac{b_m}{b_p} = \frac{L_m}{L_p} = S_l \qquad (3-1)$$

结构模型与原型结构满足结构相似就要求模型与原型结构之间所有对应部分的尺寸都成比例，除上式关系以外，还可以推导得出，面积比 $\frac{A_m}{A_p} = S_l^2$；截面惯性矩比 $\frac{I_m}{I_p} = S_l^4$；截面模量比 $\frac{W_m}{W_p} = S_l^3$ 等相似关系。

2）质量相似

在研究工程振动等动力学问题时，要求结构的质量分布相似，即对应部分的质量（通常简化为对应点的集中质量）成比例。质量相似常数为 $S_m = \frac{m_m}{m_p}$ 或用质量密度表示 $S_\rho = \frac{\rho_m}{\rho_p}$，而质量等于密度与体积的乘积：

$$S_\rho = \frac{\rho_m}{\rho_p} \times \frac{V_m}{V_p} \times \frac{V_p}{V_m} = \frac{S_m}{S_l^3} \qquad (3-2)$$

因此，给定几何常数后，密度相似常数可由质量相似常数导出。

3）荷载相似

荷载相似要求模型和原型结构在对应点所受的荷载方向一致，大小成比例。以集中荷载为例，集中荷载与力的量纲相同，可以用应力与面积的乘积表示。因此，集中荷载相似常数 S_p 可以表示为：

$$S_p = \frac{p_m}{p_p} = \frac{A_m \sigma_m}{A_p \sigma_p} = S_l^2 S_\sigma \qquad (3-3)$$

式中，S_σ 为应力相似常数。如果模型结构的应力与原型结构应力相同，则 $S_\sigma = 1$，上式变为 $S_p = S_l^2$。可见，引入应力相似常数后，力相似常数可用几何相似常数表示。类似分析可以得到：

线荷载相似常数： $S_W = S_l S_\sigma$

面荷载相似常数： $S_q = S_\sigma$

集中力矩相似常数： $S_M = S_l^3 S_\sigma$

4）刚度相似

研究与结构变形有关问题时，均涉及刚度问题。表示材料刚度的参数是弹性模量 E 和 G，若模型和实物各对应点处材料的拉、压弹性模量 E 和剪切弹性模量 G 成比例，则称为材料的弹性模量相似。拉、压弹性模量相似常数 $S_E = \dfrac{E_m}{E_p}$，剪切弹性模量相似常数 $S_G = \dfrac{G_m}{G_p}$。

5）时间相似

研究结构动力问题时，若模型结构的速度、加速度与原型结构的速度、加速度在对应的位置和对应的时刻保持一定的比例，并且运动方向一致，则称为速度和加速度相似。这里的时间相似不一定是指相同的时刻，而只是要求对应的间隔时间成比例。时间相似常数 $S_t = \dfrac{t_m}{t_p}$。

6）边界条件相似和初始条件相似

模型结构和原型结构在与外界接触的区域内的各种条件保持相似，包括结构的支承条件相似、约束情况相似、边界受力情况相似等。边界条件分为位移边界条件和力边界条件。

对于结构动力问题，初始条件包括在初始状态下，结构的几何位置（初始位移）、初始速度和初始加速度。因为绝大多数的结构动力试验都限制了初始位移和初始速度为零的初始条件，所以结构模型动载试验的初始条件相似要求一般很容易满足。

2. 模型设计的相似条件与确定方法

结构模型试验能客观反映出参与该模型工作的各相关物理量之间的相互关系，结构模型和原型结构存在相似关系，因此也必须反映出模型与原型结构各相似常数之间的关系。这种各相似常数之间所应满足的组合关系就是模型与原型结构之间的相似条件，也是模型设计时需要遵循的基本原则。所以，模型设计的关键是要写出相似条件。

确定相似条件的方法有方程式分析法和量纲分析法两种。

1）方程式分析法

方程式法确定相似条件比较简便，但前提是必须在模型设计前对所研究的物理过程中各物理量之间的函数关系，即对试验结果和试验条件之间的关系提出明确的数学方程式。图 3-7 为一缩小比例的模型试验梁，目的是研究原型简支梁在集中力作用下作用点处的弯矩、应力和挠度。假定梁在弹性范围内工作，其他因素（如徐变、时效等）可忽略。

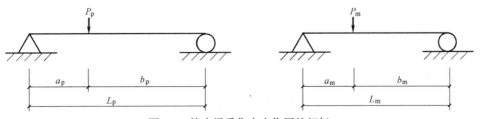

图 3-7 简支梁受集中力作用的相似

由结构力学可知：

荷载 P 作用点处截面的弯矩为：

$$M = \frac{Pab}{L} \tag{3-4}$$

荷载 P 作用点处截面的正应力为：

$$\sigma = \frac{Pab}{WL} \tag{3-5}$$

荷载 P 作用点处截面的挠度为：

$$f = \frac{Pa^2b^2}{3EIL} \tag{3-6}$$

首先要满足几何相似要求：

$$\frac{L_m}{L_p} = \frac{a_m}{a_p} = \frac{b_m}{b_p} = S_l; \quad \frac{A_m}{A_p} = S_l^2; \quad \frac{I_m}{I_p} = S_l^4; \quad \frac{W_m}{W_p} = S_l^3$$

模型梁和原型梁相似，则在对应点上的弯矩、应力和挠度都应符合式（3-4）～式（3-6）。对于原型梁为：

$$M_p = \frac{P_p a_p b_p}{L_p} \tag{3-7}$$

$$\sigma_p = \frac{P_p a_p b_p}{W_p L_p} \tag{3-8}$$

$$f_p = \frac{P_p a_p^2 b_p^2}{3E_p I_p L_p} \tag{3-9}$$

要求作用在梁上的荷载 P 相似，则 $S_p = \dfrac{P_m}{P_p}$；要求材料的弹性模量 E 相似，则 $S_E = \dfrac{E_m}{E_p}$。

要求模型梁上集中力作用点处的弯矩、应力和挠度都要和原型梁相似时，则弯矩、应力和挠度的相似常数分别为：$S_M = \dfrac{M_m}{M_p}$；$S_\sigma = \dfrac{\sigma_m}{\sigma_p}$；$S_f = \dfrac{f_m}{f_p}$。

将以上各物理量的相似常数代入式（3-7）～式（3-9），可得：

$$\frac{M_m}{S_M} = \frac{P_m a_m b_m}{L_m} \times \frac{1}{S_p S_l}$$

$$M_m \frac{S_p S_l}{S_M} = \frac{P_m a_m b_m}{L_m} \tag{3-10}$$

$$\frac{\sigma_m}{S_\sigma} = \frac{P_m a_m b_m}{W_m L_m} \times \frac{S_l^2}{S_p}$$

$$\sigma_m \frac{S_p}{S_\sigma S_L^2} = \frac{P_m a_m b_m}{W_m L_m} \tag{3-11}$$

$$\frac{f_m}{S_f} = \frac{P_m a_m^2 b_m^2}{3L_m E_m I_m} \times \frac{S_E S_l}{S_p}$$

$$f_m \frac{S_p}{S_f S_E S_l} = \frac{P_m a_m^2 b_m^2}{3L_m E_m I_m} \tag{3-12}$$

显然，只有满足：

$$\frac{S_p S_l}{S_M} = \frac{S_p}{S_\sigma S_L^2} = \frac{S_p}{S_f S_E S_l} = 1 \qquad (3-13)$$

才满足：

$$M_p = \frac{P_p a_p b_p}{L_p}; \quad \sigma_p = \frac{P_p a_p b_p}{W_p L_p}; \quad f_p = \frac{P_p a_p^2 b_p^2}{3E_p I_p L_p}$$

即模型结构才能与原型结构相似。因此，式（3-13）是模型与原型应满足的相似条件。

由模型试验获得的数据乘以相应的相似常数，即可推算得到原型结构的对应参数数据。原型结构的弯矩、应力和挠度分别为：

$$M_p = \frac{M_m}{S_M} = \frac{M_m}{S_p S_l}; \quad \sigma_p = \frac{\sigma_m}{S_\sigma} = \sigma_m \frac{S_L^2}{S_p}; \quad f_p = \frac{f_m}{S_f} = \frac{S_E S_l}{S_p}$$

2）量纲分析法

当结构或外部作用条件比较复杂，无法掌握试验过程中各物理量之间的函数关系，即试验结果和试验条件之间不能提出明确的函数方程时，将无法采用方程式分析法确定相似条件，这时就可以用量纲分析法来确定相似条件。量纲分析法仅需要知道哪些物理量影响试验过程中的物理现象，量测这些物理量的单位系统的量纲就行了。

量纲，又称因次，它说明测量物理量时所采用的单位的性质。例如，测量长度时用"m""cm""mm"等不同的单位，但它们都属于长度这一性质，故将长度称为一种量纲，以"L"表示。时间用"h""min""s"等单位表示，也是一种量纲，用"T"表示。每一种物理量都对应一种量纲。有些物理量是无量纲的，用"1"表示。选择一组彼此独立的量纲为基本量纲，其他物理量的量纲可由基本量纲导出，称为导出量纲。结构试验中，取长度、力、时间为基本量纲，组成绝对系统。另外常用的基本量纲为长度、时间、质量，称为质量系统。表3-4列出了常用物理量的量纲。

常用物理量及物理常数的量纲　　表3-4

物理量	质量系统	绝对系统	物理量	质量系统	绝对系统
长度	$[L]$	$[L]$	冲量	$[MLT^{-1}]$	$[FT]$
时间	$[T]$	$[T]$	功率	$[ML^2T^{-3}]$	$[FLT^{-1}]$
质量	$[M]$	$[FL^{-1}T^2]$	面积二次矩	$[L^4]$	$[L^4]$
力	$[MLT^{-2}]$	$[F]$	质量惯性矩	$[ML^2]$	$[FLT^2]$
温度	$[\theta]$	$[\theta]$	表面张力	$[MT^{-2}]$	$[FL^{-1}]$
速度	$[LT^{-1}]$	$[LT^{-1}]$	应变	$[1]$	$[1]$
加速度	$[LT^{-2}]$	$[LT^{-2}]$	比重	$[ML^{-2}T^{-2}]$	$[FL^{-3}]$
频率	$[T^{-1}]$	$[T^{-1}]$	密度	$[ML^{-3}]$	$[FL^{-4}T^2]$
角度	$[1]$	$[1]$	弹性模量	$[ML^{-1}T^{-2}]$	$[FL^{-2}]$
角速度	$[T^{-1}]$	$[T^{-1}]$	泊松比	$[1]$	$[1]$
角加速度	$[T^{-2}]$	$[T^{-2}]$	线膨胀系数	$[\theta^{-1}]$	$[\theta^{-1}]$
应力或压强	$[ML^{-1}T^{-2}]$	$[FL^{-2}]$	比热容	$[L^2T^{-2}\theta^{-1}]$	$[L^2T^{-2}\theta^{-1}]$
力矩	$[ML^2T^{-2}]$	$[FL]$	导热率	$[MLT^{-3}\theta^{-1}]$	$[FT^{-1}\theta^{-1}]$
热或能量	$[ML^2T^{-2}]$	$[FL]$	热容量	$[ML^{-1}T^{-2}\theta^{-1}]$	$[FL^{-1}T^{-1}\theta^{-1}]$

关于量纲的基本性质可简要归纳为以下几点：

（1）两个物理量相等不仅要求它们数值相同，而且要求它们的量纲相同。

（2）两个同量纲参数的比值是无量纲参数，其值不随所取单位的大小而变。

（3）一个物理方程式中，等式两边各项的量纲必须相同，这一性质称为"量纲和谐"，是量纲分析法的基础。

（4）导出量纲可和基本量纲组成无量纲组合，但基本量纲之间不能组成无量纲组合。

（5）若在一个物理过程中共有 n 个物理参数，其中有 k 个基本量纲，则可组成 $n-k$ 个独立的无量纲参数组合。无量纲参数组合简称"π数"。

（6）一个物理方程式若含有 n 个参数 X_1，X_2，$\cdots$，X_n 和 k 个基本量纲，则此物理方程式可改写成 $n-k$ 个独立的 π 数的方程式，即方程：

$$f(X_1, X_2, \cdots, X_n) = 0$$

可改写成：

$$\varphi(\pi_1, \pi_2, \cdots, \pi_{n-k}) = 0$$

任何一种可以用数学方程定义的物理现象都可以用与单位无关的量——无量纲数 π 来定义，这一性质称为 π 定理或第二相似定理。

若两个物理过程相似，其 π 函数 φ 相同，相应各物理量之间仅是数值大小不同。根据上述量纲的基本性质，可证明这两个物理过程的相应 π 数必然相等。量纲分析法求相似条件的依据：相似物理现象的相应 π 数相等。这一结论也称为第一相似定理。

仍以图 3-7 所示简支梁受集中力作用为例说明如何用量纲分析法求相似条件。与方程式分析法不同，用量纲分析法求相似条件不需要事先提出代表物理过程的方程式，只需知道物理过程中涉及的主要物理量。

图 3-7 所示受竖向集中力作用的简支梁，其应力 σ 和位移 f 是长度 l、荷载 P 和弹性模量 E 的函数，表示为：

$$F(\sigma, 1, P, E, f) = 0$$

由第二相似定理可知，$n = 5$，$k = 2$，其 π 函数为：

$$\varphi(\pi_1, \pi_2, \pi_3) = 0$$

量纲参数组成 π 数的一般形式为：

$$\pi = X_1^{a_1} X_2^{a_2} X_3^{a_3} \cdots X_n^{a_n} \tag{3-14}$$

式中　a_1，a_2，a_3，$\cdots$，a_n——待求的指数。

对于本例，π 数为：

$$\pi = \sigma^{a_1} l^{a_2} P^{a_3} E^{a_4} f^{a_5}$$

以量纲式表示：

$$[1] = [F]^{a_1} [L]^{-2a_1} [L]^{a_2} [F]^{a_3} [F]^{a_4} [L]^{-2a_4} [L]^{a_5}$$

根据量纲和谐的要求：

对量纲 $[F]$：$a_1 + a_3 + a_4 = 0$；对量纲 $[L]$：$-2a_1 + a_2 - 2a_4 + a_5 = 0$。

上面两个方程包含 5 个未知数，属于不定方程。求解是，可先确定其中三个未知数从而获得方程的解。假设先确定 a_1、a_4、a_5，则 π 数公式变为：

$$\pi = \sigma^{a_1} l^{2a_1 + 2a_4 - a_5} P^{-a_1 - a_4} E^{a_4} f^{a_5} = \left(\frac{\sigma l^2}{P}\right)^{a_1} \left(\frac{El^2}{P}\right)^{a_4} \left(\frac{f^2}{l}\right)^{a_5}$$

若分别取：

$$a_1 = 1; \quad a_4 = a_5 = 0$$
$$a_4 = 1; \quad a_1 = a_5 = 0$$
$$a_5 = 1; \quad a_1 = a_4 = 0$$

可分别得到三个独立的 π 数：

$$\pi = \frac{\sigma l^2}{P}; \quad \pi = \frac{El^2}{P}; \quad \pi = \frac{f}{l}$$

类似的，若 a_1、a_4、a_5 取其他数值，则可得其他 π 数，但互相独立的始终只有 3 个。由前面的分析可知，模型结构和原型结构相似的条件是相应的 π 数相等，即：

$$\frac{\sigma_m l_m^2}{P_m} = \frac{\sigma_p l_p^2}{P_p}; \quad \frac{E_m l_m^2}{P_m} = \frac{E_p l_p^2}{P_p}; \quad \frac{f_m}{l_m} = \frac{f_p}{l_p}$$

以各相似常数代入，即得模型梁和原型梁的相似条件为：

$$\frac{S_\sigma S_l^2}{S_p} = 1; \quad \frac{S_f S_E S_l}{S_p} = 1$$

显然和用方程式分析法得出的相似条件式（3-13）相同。

3.4.2 模型设计

结构模型试验按试验目的的不同将结构模型分成以下 2 类：

（1）弹性模型——研究在荷载作用下结构弹性阶段的工作性能，用均质弹性材料制成与原型相似的结构模型。

（2）强度模型——研究在荷载作用下结构各个阶段的工作性能，包括直至破坏的全过程反应，用原材料或与原材料相似的材料制成的与原型相似的结构模型。

模型设计一般按照下列程序进行：

（1）按试验目的选择模型类型；

（2）在对研究对象进行理论分析和初步估算的基础上用方程式分析法或量纲分析法确定相似条件；

（3）确定模型的几何比例尺寸，即定出长度相似常数 S_l；

（4）根据相似条件确定其他相关的相似常数；

（5）绘制模型施工图。

结构模型几何尺寸的变化范围很大，缩尺比例可以从几百分之一到几分之一，需要综合考虑如模型类型、模型材料、模型制作条件及试验条件等各种因素才能确定出一个最优的比例和尺寸。大模型所需荷载大，但制作方便，对量测技术无特殊要求；小模型所需荷载小，但制作困难，加工精度要求高，对量测技术和量测仪表等要求高。

一般来说，弹性模型的缩尺比例较小，而强度模型的缩尺比例较大，例如钢筋混凝土结构的强度模型，其模型的截面最小厚度、钢筋间距、保护层厚度等方面都受到制作工艺和技术标准的限制，不能太小。目前最小的钢丝网水泥砂浆板壳模型的厚度可以做到 3mm，梁、柱截面边长最小可做到 60mm。

常见模型的缩尺比例见表 3-5。

模型设计中，相似常数的个数一般多于相似条件的个数。长度相似常数 S_l 是首先要确定的条件，此外可再确定几个量的相似常数，然后根据相似条件推导出对其余量的相似常数要求。目前，模型材料的力学性能还不能任意控制，所以在确定各相似常数时，一般会根据可能条件先选定模型材料，亦即先确定 S_E 和 S_σ，再确定其他量的相似常数。

模型的缩尺比例表　表 3-5

结构类型	弹性模型	强度模型
壳体结构	1：50～1：200	1：10～1：30
公路桥、铁路桥	1：25	1：4～1：20
反应堆容器	1：50～1：100	1：4～1：20
板结构	1：25	1：4～1：10
坝	1：400	1：75
风洞模型	1：50～1：300	无强度模型

对于一般的静力学模型，当设计中首先确定的是以长度和弹性模量的相似常数 S_l、S_E 时，则所有其他量的相似常数均为 S_l 和 S_E 的函数或等于 1。表 3-6 列出了一般静荷载弹性模型的相似常数。

结构静力试验模型的相似常数　表 3-6

类型	物理量	量纲	相似常数
材料性能	应力	FL^{-2}	S_E
	弹性模量	FL^{-2}	S_E
	泊松比	—	1
	密度	$FL^{-4}T^2$	S_E/S_L
	应变	—	1
几何特性	线尺寸	L	S_L
	线位移	L	S_L
	角应变	—	1
	面积	L^2	S_L^2
	惯性矩	L^4	S_L^4
荷载	集中荷载	F	$S_E S_L^2$
	线荷载	FL^{-1}	$S_E S_L$
	分布荷载	FL^{-2}	S_E
	弯矩及扭矩	FL	$S_E S_L^3$
	剪力	F	$S_E S_L^2$

钢筋混凝土结构的强度模型设计时要求能正确反映原型结构的弹塑性性质，包括相似的破坏形态、变形状态以及极限承载能力等，对模型材料的相似要求也更为严格。理想的模型混凝土和模型钢筋应和原结构的混凝土和钢筋具有几何相似的 σ-ε 曲线（图 3-8）；在

承载能力极限状态下，有基本相近的变形能力；多轴应力状态下，相同的破坏准则；钢筋和混凝土之间有相同的粘结 - 滑移性能；相同的泊松比。

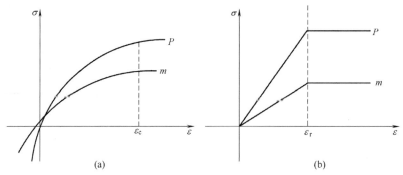

图 3-8 理想相似材料的 σ-ε 曲线
（a）混凝土；（b）钢筋

从图 3-8 可以看出，模型混凝土和原型混凝土的 σ-ε 曲线基本上是相似的，可以采用相同的函数描述。但由于模型混凝土的强度低于原型混凝土，导致它们的初始模量不同，而且随着应力的增加，它们的切线模量也不相同。这种性能上的差别，在相似理论中称为模型的畸变。由于结构几何尺寸的缩小，导致模型混凝土的原料和级配等均与原型不同，需要通过试验确定模型混凝土的性能。表 3-7 给出了钢筋混凝土结构强度模型的相似常数。

钢筋混凝土结构强度模型的相似常数　　　　　　　　　　　表 3-7

类型	物理量	量纲	理想模型	实际模型
材料性能	混凝土应力	FL^{-2}	$S_{\sigma c}$	1
	混凝土应变	—	1	1
	混凝土弹性模量	FL^{-2}	$S_{\sigma c}$	1
	混凝土泊松比	—	1	1
	混凝土密度	$FL^{-4}T^2$	$S_{\sigma c}/S_L$	$1/S_L$
	钢筋应力	FL^{-2}	$S_{\sigma c}$	1
	钢筋应变	—	1	1
	钢筋弹性模量	FL^{-2}	$S_{\sigma c}$	1
	粘结应力	FL^{-2}	$S_{\sigma c}$	1
几何特性	线尺寸	L	S_L	S_L
	线位移	L	S_L	S_L
	角位移	—	1	1
	钢筋面积	L^2	S_L^2	S_L^2
荷载	集中荷载	F	$S_\sigma S_L^2$	S_L^2
	线荷载	FL^{-1}	$S_\sigma S_L$	S_L
	分布荷载	FL^{-2}	S_σ	1
	弯矩及扭矩	FL	$S_\sigma S_L^3$	S_L^3

砌体结构由于是由块材（砖、砌块）和砂浆两种材料复合组成，除了在几何比例上缩小并对块材做专门加工和给砌筑带来一定困难外，同样要求模型和原型有相似的 $\sigma\text{-}\varepsilon$ 曲线。一般砌体结构模型采用与原型结构相同的材料。砌体结构模型的相似常数见表3-8。

砌体结构模型试验的相似常数　表 3-8

类型	物理量	量纲	理想模型	实际模型
材料性能	砌体应力	FL^{-2}	S_σ	1
	砌体应变	—	1	1
	砌体弹性模量	FL^{-2}	S_σ	1
	砌体泊松比	—	1	1
	砌体密度	FL^{-3}	S_σ/S_L	$1/S_L$
几何特性	线尺寸	L	S_L	S_L
	线位移	L	S_L	S_L
	角位移	—	1	1
	面积	L^2	S_L^2	S_L^2
荷载	集中荷载	F	$S_\sigma S_L^2$	S_L^2
	线荷载	FL^{-1}	$S_\sigma S_L$	S_L
	面荷载	FL^{-2}	S_σ	1
	力矩	FL	$S_\sigma S_L^3$	S_L^3

与结构静力性能相比，结构动力性能的差别主要因结构本身的惯性作用所引起。因此，结构动力模型的设计应仔细考虑与时间相关的物理量的相似关系。

结构的惯性力常常是作用在结构上的主要荷载，必须考虑模型和原型结构的材料质量密度的相似。材料的力学性能相似要求方面还应考虑应变速率对材性的影响，动力模型的相似条件同样可用量纲分析法得出。表3-9列出了动力模型各量的相似常数要求。

结构动力模型的相似常数　表 3-9

类型	物理量	量纲	相似常数	
			（1）	（2）忽略重力
材料性能	应力	FL^{-2}	S_E	S_E
	应变	—	1	1
	弹性模量	FL^{-2}	S_E	S_E
	泊松比	—	1	1
	密度	$FL^{-4}T^2$	S_E/S_L	S_ρ
	能量	FL	$S_E S_L^3$	$S_E S_L^3$
几何特性	线尺寸	L	S_L	S_L
	线位移	L	S_L	S_L

续表

类型	物理量	量纲	相似常数	
			（1）	（2）忽略重力
荷载	集中力	F	$S_\mathrm{E} S_\mathrm{L}^2$	$S_\mathrm{E} S_\mathrm{L}^2$
	压力	FL^{-2}	S_E	S_E
动力特性	质量	$FL^{-1}T^2$	$S_\rho S_\mathrm{L}^3$	—
	刚度	FL^{-1}	$S_\mathrm{E} S_\mathrm{L}$	—
	阻尼	$FL^{-1}T$	$S_\mathrm{m}/S_\mathrm{L}$	—
	频率	T^{-1}	$S_\mathrm{L}^{-1/2}$	$S_\mathrm{L}(S_\mathrm{E}/S_\rho)^{1/2}$
	加速度	LT^{-2}	1	$S_\mathrm{L}^{-1}(S_\mathrm{E}/S_\rho)^{1/2}$
	重力加速度	LT^{-2}	1	—
	速度	LT^{-1}	$S_\mathrm{L}^{1/2}$	$(S_\mathrm{E}/S_\rho)^{1/2}$
	时间、周期	T	$S_\mathrm{L}^{1/2}$	$S_\mathrm{L}(S_\mathrm{E}/S_\rho)^{1/2}$

表3-9中相似常数项下第（1）栏为理想相似模型的相似常数要求。可以看出，由于结构动力试验中要模拟惯性力、恢复力和重力三种力，所以，对模型材料的弹性模量和比重的要求非常严格，为 $S_\mathrm{E}/(S_\mathrm{g}S_\rho)=S_l$。一般 $S_\mathrm{g}=1$，所以模型材料的弹性模量应比原型的小或密度比原型的大。这对于由两种材料组成的钢筋混凝土结构模型来说很难满足。如果重力对结构的影响比地震等动力引起的影响小得多时，可以忽略重力影响，在选择模型材料或相似材料时的限制也就小得多。上表中相似常数项下第（2）栏即为忽略重力影响后的相似常数要求。

此外，从表3-9中可以看出，结构动力模型的自振频率较高，是原型的 $1/\sqrt{S_l}$ 或 S_l^{-1} $(S_\mathrm{E}/S_\mathrm{p})^{1/2}$ 倍。试验时，输入荷载谱及选择振动台或激振器时，应注意这一要求。

3.4.3　模型的材料、制作与试验

1. 模型材料

适用于制作模型的材料有很多，正确了解并掌握模型材料的物理性能及其对试验结果的影响，合理选用模型材料是结构模型试验成败的关键之一。

模型材料选用应考虑以下四个方面的要求：

（1）保证相似要求。要求模型材料本身与原型材料具有相似性，或者是根据模型设计的相似要求选择模型材料，保证模型试验结果可按相似常数相等条件推算至原型结构上。

（2）保证量测要求。要求模型材料在试验时能产生足够大的变形，使量测仪表有足够的读数。因此，应选择有机玻璃等弹性模量适度低一些的模型材料，但也不能过低，否则会因仪器安装或重力等因素影响试验结果。

（3）要求材料性能稳定且有良好的加工性能。要求模型材料不受温度、湿度的变化影响而发生较大变化。一般模型结构尺寸较小，对环境变化敏感，容易产生的影响远大于原

型结构，因此必须保证材料性能的稳定。此外，选用的模型材料应易于加工和制作，比如在研究结构的弹性反应时，可以用有机玻璃替代钢材，满足一定范围内的线弹性性能的同时也方便了加工和制作。

（4）应特别注意材料的蠕变和温度特性。静力模型试验中，模型受力的时间尺度可能不同于原型，材料蠕变对模型和原型将产生不同的影响。如果模型和原型采用不同的材料，其线膨胀系数可能不同，这将使模型试验中的温度应力不同于原型，有些情况下，将导致模型试验结果与原型性能产生较大的偏差。

一般来说，对于研究弹性阶段应力状态的模型试验，选择的模型材料应尽可能与一般弹性理论的基本假定一致，即是均质、各向同性、应力应变成线性变化、泊松系数不变等。对于研究结构的全部工作特性，包括超载直至破坏，由于对模型材料模拟的要求更加严格，通常采用与原型极为相似的材料或与原型完全相同的材料来制作模型。

下面简单介绍一下模型试验中常采用的金属、塑料、石膏、水泥砂浆以及微混凝土材料。

1）金属

常用的金属材料有钢材、铝合金、铜等。这些金属材料的力学特性符合弹性理论的基本假定。如果原型结构为金属结构（如钢结构），最合适的模型材料为金属材料（比如钢材、铝合金等）。钢材和铝合金的泊松比约为 0.30，比较接近于混凝土材料。尽管用金属材料制作模型有许多优点，但它存在一个致命的弱点就是加工困难，特别是构件连接部位不易满足相似要求，这就限制了金属材料模型的使用范围。此外，金属模型的弹性模量较下面要介绍的塑料和石膏都高，荷载模拟较困难。

2）塑料

塑料属于无机高分子材料，包括有机玻璃、环氧树脂、聚氯乙烯等。这类高分子材料的主要优点是在一定应力范围内具有良好的线弹性性能，弹性模量低，易于加工。但高分子材料的导热性能差，持续应力作用下的徐变较大，弹性模量随温度变化明显。

有机玻璃属于热塑性高分子材料，是常用的结构模型材料之一，弹性模量为$(2.3 \sim 2.6) \times 10^3 \text{MPa}$，泊松比为 $0.33 \sim 0.35$，抗拉比例极限大于 30MPa。因为有机玻璃徐变较大，因此试验加载时应控制材料中的应力不超过 7MPa，而此时的应力已经可以达到 $2000\mu\varepsilon$，完全可以满足测试精度的要求。

有机玻璃的板材、棒材和管材可以用一般的木工工具切割加工，用氯仿溶剂粘结，也可以采用热气焊接，还可以对有机玻璃加热到 110℃ 使之软化，在模具上热压进行曲面加工。

3）石膏

石膏的性质和混凝土相近，均属于脆性材料，而且加工容易，成本较低，常用作钢筋混凝土结构的模型材料。其缺点是抗拉强度低，且要获得均匀和准确的弹性特征比较困难。

纯石膏的弹性模量较高，而且很脆，凝结也快，因此用作模型材料时，往往需要加入一些掺合料来改善石膏的性能。掺合料可以是硅藻土粉末、岩粉、水泥或粉煤灰等粉末类材料，也可以在石膏中加入砂、浮石等颗粒类材料。一般石膏与硅藻土的配合比为 2:1，水与石膏的配合比为 $0.7 \sim 2.0$，这样形成的材料弹性模量在 $6000 \sim 1000 \text{MPa}$ 之间变化。

采用石膏制作的结构模型在胎膜中浇筑成型，脱模后，可以进行铣、削、切等机械加工，使模型尺寸满足设计要求。

4）水泥砂浆

水泥砂浆类的模型材料是以水泥为基本胶凝材料，掺入粒状或粉状外加料，按一定的比例配制而成。水泥砂浆的性能与混凝土比较接近，常用来制作钢筋混凝土板、薄壳等模型结构。

5）微混凝土

微混凝土也称微粒混凝土或细石混凝土，与普通混凝土的差别主要在于混凝土的最大粒径明显减小，一般用于制作缩尺比例大的钢筋混凝土模型。当模型的缩尺比例不大于 1：4 时，混凝土的粗骨料最大粒径为 8～10mm，模型中的构件最小尺寸为 40～50mm，属于小尺寸结构试验。当模型的缩尺比例大到 1：6～1：10 时，混凝土的粗骨料最大粒径小于 5mm，此时，这类混凝土在试验中的性能表现与普通混凝土相比出现明显差异。高层建筑结构的地震模拟动力试验中，模型缩尺比例更大，构件尺寸更小，相应的混凝土粗骨料的最大粒径也将更小。

通常，当粗骨料粒径很小时，主要考虑微混凝土的水灰比、骨料体积含量、骨料级配等因素，通过试配，使微混凝土达到和原型混凝土相似的力学性能。

此外，对于缩尺比例较大的钢筋混凝土强度模型，还应仔细选择模型用钢筋。因为在钢筋混凝土强度模型试验中，获取破坏荷载和破坏形态往往是试验的主要目的之一，而模型钢筋的特性在一定程度上对结构非弹性性能的模拟起决定性影响。所以，应充分注意模型钢筋的力学性能相似要求，主要包括弹性模量、屈服强度和极限强度等。必要时，可以使钢筋产生一定程度的锈蚀或用机械方法在模型钢筋表面压痕，以便模拟真实的钢筋和混凝土之间的粘结情况。

2. 常见模型结构的制作

1）混凝土结构模型

混凝土结构模型一般采用水泥砂浆、微粒混凝土和环氧微粒混凝土等材料，置模浇筑时因为模型一般都是小比例模型，构件的尺寸很小，所以要求模板的尺寸误差小、表面平坦，易于观察浇筑过程，易于拆模。因此，一般外模采用有机玻璃（透视平整、易加工），内模采用泡沫塑料（易于切割和拆模）。当无法浇筑时，也可用抹灰的方法制作，但抹灰施工的质量比浇筑的差，其强度一般只有浇筑的 50% 且强度不稳定。因此，当有条件浇筑时，尽量采用浇筑的方法施工。

2）砌体结构模型

砌体结构模型的制作关键是灰缝的砌筑质量，主要包括灰缝的厚度和饱满程度。由于模型缩小后，灰缝的厚度很难按比例缩小，因此，一般要求模型灰缝的厚度在 5mm 左右，砌筑后模型的砌体强度与原型相似。另外，为了使模型结构能真正反映实际情况，模型灰缝的饱满程度也应与原型保持一致。在制作的过程中，不要片面强调模型的制作质量，把灰缝砌得很饱满，这样会造成模型的砌筑质量与实际工程的砌筑质量不同，从而导致模型的抗震能力很高，与实际震害不符。

3）金属结构模型

金属结构模型的制作关键是材料的选取和节点的连接。由于模型缩小后，许多钢结构型材已无法找到合适的模型型材，只能用薄铁皮或铜皮加工焊接成模型型材。制作加工时，应认真研究模型的制作方案，避免焊接时烧穿铁皮和焊接变形。对于焊接困难的铝合金材料模型，一般采用铆钉连接。这种模型不宜用于模拟钢结构的焊接性能。另外，铆钉连接结构的阻尼比焊接结构大，在动力模型中不宜采用。

4) 有机玻璃模型

有机玻璃模型一般采用标准有机玻璃型材切割成需要的形状和尺寸，然后用胶粘结而成。由于接口处强度较低，一般宜采用榫接并应尽量减小连接间隙。

3. 模型试验应注意的问题

模型试验和一般结构试验方法在原则上相同，但在实际操作时针对模型试验的特点应注意以下 5 个问题。

（1）模型尺寸。模型试验对模型尺寸的精确度要求要比一般结构试验严格得多，因为结构模型均为缩尺比例模型，其尺寸的误差直接影响试验的测试结果。对于缩尺比例不大的结构模型，材料应尽量选择与原结构同类的材料，若选用其他材料（如塑料），则材料本身不稳定或制作时不可避免的加工工艺误差都将对试验结果产生影响。因此，在模型试验前，需对所设应变测点和重要部分的断面尺寸进行仔细测量，以该尺寸作为分析试验结果的依据。

（2）试件材料性能的测定。模型材料的各种性能，如应力 - 应变曲线、泊松比、极限强度等都必须在模型试验前进行准确的测定。通常测定塑料的性能可用抗拉及抗弯试件，测定石膏、砂浆、细石混凝土的性能可用各种小试件。考虑到尺寸效应的影响，用小试件测定模型时，其尺寸应和模型的最小截面或临界截面的大小基本相同。试验时要注意材料龄期的影响，对于石膏试件还应注意含水量对强度的影响，对于塑料应测定徐变的影响范围和程度。

（3）试验环境。模型试验对试验环境的要求比一般结构试验要严格。对温度比较敏感的模型试验，最好在有空调的室内进行，如有机玻璃模型试验一般在温度变化不超过 $\pm1℃$ 的环境中进行。对于一般结构试验，应选在温度较稳定的空间里进行，以减小温度变化对试验结构的影响。

（4）荷载选择。模型试验的荷载必须在试验进行之前仔细校正。试验时，若完全模拟实际的荷载有困难，则可改用明确的集中荷载。这样比勉强模拟实际荷载好，在整理和推算试验结果时不会引起较大的误差。

（5）变形测量。一般模型的尺寸都很小，通常采用电阻应变计进行应变测量。模型试验在安装位移测量仪表的位置时应特别准确，以免将模型试验结果推算到原型结构上时引起较大的误差。如果模型的刚度很小，则应注意测量仪表的质量和约束等影响。总之，模型结构试验要比一般结构试验要求更严格。在模型试验结果中较小的误差推算到原型结构会形成巨大的误差，因此，在模型试验的过程中必须严格操作、考虑周全，采取各种相应的措施来减小误差，使试验结果更加真实可靠。

4. 模型的制作与试验要点

结构模型制作时主要应注意 2 个方面，一方面是材料的选择和配制，上文已阐述；另一方面就是模型的加工。模型加工应满足以下要求：

（1）严格控制误差。一般模型的几何尺寸较原型结构缩小很多，模型尺寸的精度要求比一般结构试验要严格很多。理论上，模型制作的控制误差应按几何相似常数缩小。例如，原型结构构件的截面尺寸施工控制误差为 $-6\sim+9mm$，如果模型比原型缩小 10 倍，则模型制作时构件尺寸的制作误差应不大于 $\pm1mm$。当模型的力学性能对几何非线性较为敏感时，模型加工误差的控制要求将更加严格。除构件截面尺寸外，模型结构的整体的几何偏差也应严格控制，例如，桥面板的平整度、高层建筑的垂直度等。

（2）模型材料性能应分布均匀。模型制作过程中，混凝土等材料分批次制作时，其强度随时间变化，或者不同批次的模型混凝土配合比控制误差可能使模型各个构件的强度分布偏离模型设计要求。钢结构焊接过程中的焊缝不均匀，存在初始缺陷等问题时，试验结果将不能反映原型结构的性能。

（3）模型安装和加载部位的连接应满足试验要求。为防止模型结构试验过程中发生局部破坏，通常对模型制作以及加载部位进行局部加强处理，这些加强部位的几何关系也应考虑相似要求。制作部位不但要满足强度要求，而且应考虑刚度要求。局部加强部位和支座等均应保证其之间或其与构件之间有可靠的连接。

模型结构试验的原理和原型试验基本相同。虽然模型试验对象比例缩小了，但整个试验的规模和难度却不一定缩小，有自身的一些特点。模型试验中，应注意以下 4 个方面：

（1）重视模型材料性能指标的测定。大尺寸或原型结构试验前，结构材料性能试验可以采用标准的试验方法，如混凝土立方体抗压强度、钢筋的抗拉强度等。模型试验前，同样应进行材料性能试验。但需要注意的是，由于模型的缩小，材料试验的方法也要相应改变。例如，普通混凝土的轴心抗压强度和弹性模量测定时，采用 $150mm\times150mm\times450mm$ 的棱柱体标准试件；对于试件最小截面尺寸 10mm、最大粗骨料粒径 2mm 的微混凝土，由于尺寸效应的影响，将不能直接沿用上述标准试件测定相关指标。必须建立适合于模型材料特点的试验标准，这样获得的材料性能指标，才能对模型试验的结果做出合理的分析和评价。另外，为便于通过模型试验结果来推断原型结构的性能，必须获得足够多的模型材料指标，如应力 - 应变曲线、泊松比等。

（2）模型试验对试验环境有更高的要求。模型试验应在环境温度十分稳定的情况下进行，对于采用有机玻璃等高分子材料制作的结构模型一般温度变化不超过 $\pm1℃$。这类试验，应尽量在安装空调设备的室内，或选择温度变化较小的夜间进行，尽量消除温度变化对试验带来的不利影响。

（3）测试仪器和加载设备的精度要求更高。模型试验中，一般可采用相对精度控制试验数据的量测。例如，原型结构试验中，对某个测量数据的精度要求是误差不大于 1%；在模型结构试验中，测试数据的误差也应不大于 1%。应根据测试要求，选择合适量程与合适精度的加载和量测仪器。

（4）由于尺寸缩小，模型结构及构件的强度和刚度都将远小于原型结构。在模型结构上安装测试元件时，应不改变元件安装部位的构件局部受力状态和构件整体性能。通常，模型结构的应变测试大多选用小标距的电阻应变计。模型结构的动载试验中，应考虑各类安装在构件上的传感器的质量对模型动力性能的影响。

3.5 结构试验荷载设计

3.5.1 试验加载图式的选择与设计

结构试验时的荷载应该使结构处于某种实际可能的最不利工作状态。试验时荷载的图式要与结构设计计算的荷载图式保持一致，才能使试验时结构的工作状态与实际情况最为接近。但是，有时也会因为下列原因采用不同于设计计算所规定的荷载图式：

（1）对设计计算时采用的荷载图式的合理性有所怀疑，因而在试验时采用某种更接近于结构实际受力情况的荷载布置方式。

（2）受试验条件限制，为了加载方便同时减少荷载量，在不影响结构的工作和试验分析的前提下，改变加载图式。

例如，常用几个集中荷载来代替均布荷载，此时应注意集中荷载的数量和作用位置应尽可能地符合均布荷载所产生的内力值。集中荷载的大小也要根据等效条件换算得到。这些等效条件包括位移等效、应力等效等。采用这种方法布置的荷载称为等效荷载。需要注意的是，采用等效荷载时，必须对某些参数进行修正。例如，当一个构件满足强度等效时，其变形参数（如挠度等）一般不等效，需要对所测变形加以修正。

3.5.2 试验加载装置的设计

试验加载装置必须进行专门的设计，以保证试验工作能够正常进行。在使用试验室内现有的或常用的设备装置时，也要按照规定对装置的尺寸、强度、刚度等参数进行复核计算，必要时予以维修或更换。

试验加载装置反复使用后，其装置本身的几何尺寸、加工精度以及零件品质等可能会发生改变，试验前必须严格检查。对于加载装置的强度，首先要满足试验最大设计荷载量的要求，并留有足够的安全储备，同时要考虑到结构受载后局部构件的强度可能有所提高，致使试件最大承载能力超出预期的情况。所以在进行试验设计时，加载装置的承载能力要求至少提高 70%，以保证加载装置的刚度。选择试验加载装置时，其刚度要求尤为重要，如果刚度不足，将难以获得试件达到一定荷载后的变形和受力性能。

加载试验装置还应符合结构构件的受力条件，要求能模拟结构构件的边界条件和变形条件。

加载装置中应特别注意试件的支承方式。例如，在梁的弯剪试验中，加载点处和支承点处的摩擦力均会产生次应力，使梁实际所受的外力偶矩减小。当荷载较大，支承反力增大时，滚轴可能产生变形，会与其接触的支承板产生非常大的摩擦力，使试验结果产生误差。

3.5.3 结构试验的加载制度

试验加载制度是指结构试验进行期间控制荷载与加载时间的关系的加载程序。加载制度包括加载速度的快慢、加载时间间歇的长短、分级加载时各级荷载的大小以及预加载、加卸载循环等荷载与时间的关系曲线。

  结构构件的承载能力和变形性质与其所受荷载作用的大小和时间均有关系。不同性质的试验必须根据试验的要求制定不同的加载制度。

  在正式加载前，一般要进行一次或多次预加载，以检验加载设备和数据采集设备等是否能正常工作。预加载还可以使试件与加载头、支撑端紧密接触，有利于正式加载过程中数据采集的准确性。对于混凝土构件试验，一般要求预加载值不超过结构构件开裂荷载计算值的70%。达到使用状态短期试验荷载值以前，每级加载值不宜大于使用状态短期试验荷载值的20%；超过使用状态短期试验荷载值后，每级加载值不宜大于使用状态短期试验荷载值的10%。对于研究性和检验性试验，加载制度与上述加载制度略有不同。

  考虑到试件加载过程中随时间的反应和变化具有延时，故在每级加载或卸载后，应安排一段试件受力反应时间，一般要求不少于10min，且各级时间相等。研究变形和裂缝宽度的试验，在使用状态短期试验荷载作用下的持续时间不应少于30min。对于使用阶段不允许出现裂缝的构件的抗裂试验中，在开裂试验荷载计算值作用下的持续时间应为30min；对于检验性试验，在抗裂检验荷载作用下宜持续10～15min；对于新结构构件、大跨度屋架、桁架及薄腹梁等试验，在使用状态短期试验荷载作用下的持续时间不宜少于12h。

3.6   结构试验的观测设计

3.6.1   观测测量设计

  在进行结构试验时，为了对结构物或试件在荷载作用下的实际工作状况有全面的了解，真实而正确地反映结构的工作，这就要求利用各种仪器设备测量出结构反应的某些参数，为结构分析工作提供科学的依据。因此在正式试验前，应拟定测试方案。

  测试方案通常包括的内容：按整个试验目的的要求，确定试验测试的项目；按确定的测量项目要求，选择测点位置；综合整体因素选择测试仪器和测定方法。

  结构试验的测量技术是指通过一定的测量仪器或手段，直接或间接地取得结构性能变化的定量数据的技术。测量数据的获得是结构试验的最终结果，值得试验人员反复推敲。一般来说，建筑结构试验中的测量系统基本上由结构（试件）、敏感元件（感受装置）、变换器（传感器）、控制装置、指示记录系统等测试单元组成。敏感元件所输出的信号是些物理量，如位移、电压等。测力计的弹簧装置、电阻应变仪中的应变片等都是敏感元件。

  变换器（又叫传感器、换能器、转换器等）可以将被测参数转换成电量，并把转换后的信号传送到控制装置中进行处理。根据能量转换形式的不同，又可将变器分为电阻式、电感式、压电式、光电式、磁电式等。

  控制装置的作用是对变换器的输出信号进行量计算，使之能够在显示器上显示出来。控制装置中最重要的部分就是放大器，这是一种精度高、稳定性好的微信号高倍放大器。有时在控制装置中还包括振荡电路（如静态电阻应变仪）、整流回路等。

  指示记录系统是用来显示所测数据的系统，一般分为模拟显示和数字显示。前者常以指针或模拟信号表示，如 x-y 函数记录仪、磁带记录器；后者用数字形式显示，是比较先进的指示记录系统。

结构试验的主要测量参数包括外力（支座反力、外荷载）、内力（钢筋的应力，混凝土的拉力、压力）、变形（挠度、转角、曲率）、裂缝等。相应的测量仪器包括荷载传感器、电阻应变仪、位移计、读数显微镜等。这些设备按其工作原理可分机械式、电测式、光学式复合式、伺服式；按仪器与试件的位置关系可分为附着式与手持式、接触式与非接触式、绝对式与相对式；按设备的显示与记录方式又可分为直读式与自动记录式、模拟式与数字式。

3.6.2　观测项目的确定

在确定试验的观测项目时，首先应考虑反映结构整体工作状态的整体变形，如结构转角、挠度和支座位移等。转角的测定往往用来分析超静定连续结构。挠度测定不仅能方便了解结构的刚度，而且可以知道结构的弹性或非弹性工作性质，有时还能反映出结构中某些特殊的局部现象。

结构试验中，反映结构局部工作状态的局部受载反应也很重要，如应变、裂缝和钢筋的滑移等。对于动力加载试验，还需测定试件的加速度等反应。

3.6.3　测点布置设计

利用结构试验仪器装置对结构试件进行变形和应变等测量时，在满足试验目标的前提下，测点数不宜布置的太多。

测点应布置在结构反应的关键点处。通常可先进行计算分析，了解结构受载后内力分布状态和关键点的量测范围，再选择合适的仪器仪表。例如，简支混凝土梁受弯试验中，梁跨中处的挠度、裂缝宽度、正截面高度方向上的应力分布情况等是试验数据采集的关键，此时应在跨中处布置相应测点。此外，还应在支座处混凝土梁的上部安装位移测定装置，用来采集支座的压缩量以便修正跨中挠度采集值。

测点的布置应尽可能选择便于操作的位置，且应当适当集中，以便于集中管理和测读；同时要考虑测量仪器的安全，在破坏性试验中应注意在试件即将破坏时保护测量仪器。

3.6.4　仪器的选择与测读

仪器设备的选择关系到试验数据采集准确与否，应重视仪器设备的考查和选择工作。考查量测仪器的主要指标有：

（1）量程，即仪器所能量测的最小值和最大值之间的范围；

（2）最小分度值，即仪器的指示或显示值所能达到的最小刻度值以及最小测量值；

（3）精度，即测量结果相对于被测量真值的偏离程度，一般用满量程相对误差表示；

（4）灵敏度和滞后等仪器仪表的参数；

（5）测点数很多或不易测读时，应优先选用自动采集数据的电测仪表。

仪器仪表在试验过程中，最好由固定人员测读，以降低读数误差。此外，由于结构构件受荷载作用后，需要一定时间反应，此时仪表的数据仍然随时间在小幅变化，因此，测读时间一般应选取在加载间隔阶段的末期，采集的数据会更为准确。

本章小结

　　本章介绍了建筑结构试验的一般流程，重点介绍了结构试验的试件设计，包括试件形状、尺寸、数量等；较为系统地介绍了相似理论基础，以及常见的几类建筑模型的设计原理和制作方法，最后介绍了结构试验的荷载设计和观测设计方法。

思考与练习题

　　3-1　简述试件数量设计的原则和方法。

　　3-2　在结构试验的测试方案设计中，主要应考虑哪些内容？

　　3-3　简述结构试验大纲所包含的内容。

　　3-4　建筑结构模型试验有哪些优点？适用于哪些范围？

　　3-5　什么是模型相似常数和相似条件？

　　3-6　某试验拟用 3 个集中荷载代替简支梁设计承受的均布荷载，试确定集中荷载的大小及作用点，画出等效内力图（$P = qL/3$，两侧加载点距支座 $L/8$）。

第4章 建筑结构测试技术和量测仪表

本章要点及学习目标

本章要点：

本章主要讲述量测系统和量测仪表的测试原理和测试方法，以裂缝、应变场应变、位移、载荷的测定为重点。振动测量仪器的量测原理，量测系统构建方法作为熟悉、了解内容。

学习目标：

了解量测系统和量测仪表的工作原理及分类；掌握应变测量仪器、位移测量仪器、力值测量仪器的量测原理和测试方法；熟悉裂缝、应变场应变及温度测定的方法，了解振动测量仪器的量测原理。

4.1 概述

结构试验的目的不仅要了解结构的外观状态，而且更重要的是要取得能够反映结构性能的定量数据，才能对结构性能做出正确的判断，为后续研究提供依据。

精确定量数据的获取与采用的量测仪表和量测技术有关。结构试验的量测技术是指选取量测仪器，采用一定的手段直接或间接地取得结构性能变化的定量数据。量测技术一般包括：量测方法、量测仪器、量测误差分析三部分。建筑结构试验主要的量测内容有：外部作用（外荷载和支座反力等）的量测和外部作用下结构反应（位移、应力、应变、裂缝、自振频率等）的量测。量测数据的取得需要正确选择量测仪器和掌握正确的量测技术才能实现。

随着科学技术的发展，量测仪表和量测技术也在不断地完善与进步，先进的自动化、集成化的量测仪器不断出现。数据的量测已经从传统的逐个读数、手工记录，发展到计算机能够自动采集数据并实时进行数据处理。因此，试验技术人员需要在深刻理解被测参数的性质和测试要求的基础上，熟悉有关量测仪表的原理、功能和使用方法，然后才有可能正确选择仪表并掌握使用技术，才能取得可靠的量测数据，达到试验目的。

4.2 量测仪表的工作原理及分类

4.2.1 量测仪表的工作原理

通常，建筑结构试验中的量测系统由结构试件、敏感元件、变换器、控制装置和指示记录系统五个单元构成，如图 4-1 所示。

图 4-1　量测系统的组成

敏感元件直接与被测对象联系，感受被测参数的变化并输出信号给变换器的元件。敏感元件所输出的信号是一些物理量，如电压、位移等。例如，测力计中的弹簧、贴在混凝土表面的应变片等都属于敏感元件。

传感器又称变换器、转换器等，其作用是将从敏感元件传来的测量数值变换成电信号，然后传送到控制装置中进行处理。根据能量转换形式的不同，传感器可分为电阻式传感器、电感式传感器、压电式传感器、光电式传感器和磁电式传感器等。

控制装置接收到传感器传来的信号后，会进行量测计算，使之能够被记录、被显示。控制装置中最重要的部分就是放大器，其会将传感器传来的微信号通过各种方式（如电子放大线路、光学放大等）进行放大。为实现稳定的、高精度的高倍放大，有时在控制装置中还包括振荡电路（如静态电阻应变仪）、整流回路等。

指示记录系统主要用来显示和存储测试数据，一般分为模拟式和数字式两种。前者通常以指针或模拟信号显示和记录，如 X-Y 函数记录仪、磁带记录器等；后者用数字形式显示和记录，相对而言更加先进。

结构试验主要量测的参数包括外力（外荷载、支反力等）、内力（钢筋正应力、混凝土的压应力等）、变形（梁或柱的挠度、转角、曲率等）、裂缝等。相对应的量测仪器包括力传感器、电阻应变仪、位移计、读数显微镜等。这些仪器设备按其工作原理可分为：机械式、电测式、光学式、复合式、伺服式等；按测试位置关系可分为：附着式与手持式、接触式与非接触式等；按设备的显示与记录方式可分为：直读式、自动记录式、模拟式与数字式等。

4.2.2　量测仪表的技术指标及选用原则

仪器设备性能的优劣是通过基本性能指标反映的，量测仪器的基本性能指标主要包括以下几个方面：

（1）量程。量程是指仪器能测量的最大测量范围，动态测试中又称为动态范围。例如，0～10mm 的百分表，其量程就是 10mm。

（2）刻度值（也叫最小分度值）。刻度值是指仪器指示装置的最小刻度所对应的被测值，即该设备所能显示的最小测量值。有些仪器量程范围内刻度值是定值，有些可能不是。例如，百分表的最小分度值是 0.01mm，千分表为 0.001mm。

（3）精度（精确度）。仪器测量指示值与被测值真值的符合程度称为精度或精确度。目前国内外还没有统一的表示仪表精度的方法。结构试验中，常以最大量程时的相对误差来表示精度，并以此来确定仪表的精度等级。例如，一台精度为 0.2 级的仪表，意思是其测定值的误差不超过满量程的 ±0.2%。也有很多仪器的测量精度和最小分度用相同的数值来表示。例如，千分表的测量精度与最小分度值均为 0.001mm。

（4）灵敏度。仪器的灵敏度是指单位输入量的变化引起的仪表读数值的改变量。不同用途的仪表，灵敏度的单位也各不相同。例如，百分表的灵敏度单位是"mm/mm"，电测位移计的灵敏度单位是电压值与位移值的比值。

（5）滞后（滞后量）。同一个输入量，从起始值增至最大值的量测过程称为正行程，输入量由最大值减至起始值得量测过程称为反行程。同一个输入量正反行程输出值之间的偏差称为滞后，偏差的最大值称为滞后量，滞后量越小越好。

（6）信噪比。仪器测得的信号中信号与噪声的比值称为信噪比，用杜比（dB）值表示。比值越大，量测效果越好。在结构动力特性测试中，信噪比影响较大。

（7）稳定性。稳定性是指仪器受环境条件（温度、湿度等）干扰影响时期指示值的稳定程度。

除上述性能指标外，对于动态试验采用的量测仪表还需考虑线性范围、频响特性、相位特性等特性指标。此外，集成式的整套量测系统，还需注意仪器之间的阻抗匹配及频率范围配合等问题。

结构试验选用量测仪表应首先满足试验的主要要求，同时需要遵循以下6个原则：

（1）符合量测所需的量程及精度要求。选用仪表前，应先估算被测值，一般应使最大被测值不超过仪表的2/3量程，防止仪表超量程而损坏。同时，为保证量测精度，选用仪表的刻度值（最小分度值）不大于最大被测值的5%。此外，应从试验实际需求出发选择仪器仪表，切忌盲目选用高精度、高灵敏度的仪表，造成不必要的浪费。

（2）对于安装在结构构件上的仪表，应选用体积小、自重轻的设备，同时应注意夹具的设计与安装。

（3）减少同一试验中选用仪器仪表种类，以便统一数据精度，方便数据整理。

（4）应变仪表在选用时应考虑被测对象的材料性质，合理确定标距，否则会影响量测数据的可靠性和精确度。

（5）选用仪表时应考虑试验的环境条件，如，在野外试验时仪表受风吹日晒、温湿度变化大等不利因素影响，宜选用机械式仪表或具有较高防护等级的设备。

（6）数字化量测设备近几年发展很快，技术趋于成熟，选用仪表时，尽可能选用数字化仪表。

4.2.3　仪器的率定

为确定仪器、仪表的精确度或换算系数，判定其误差，需将仪表示值和标准量进行比较，这一工作称为仪器的率定。率定后的仪器、仪表按国家规定的精确度划分等级。

国家计量管理部门规定，凡试验用量测仪表和设备均属于国家强制性计量率定管理范围，必须按规定期限率定。

与率定仪表相比较的标准量应是经国家计量机构确认，具有一定精度等级的专用率定设备产生的。专用率定设备的精确度等级应比被率定的仪器高，例如标准测力计就是用来率定液压试验机荷载度盘示值的一种专用率定器。如果没有专用率定设备，可以用和被率定仪器具有同级精度标准的标准仪器相比较进行率定。所谓标准仪器，一般指不常使用的，因而可认为其度量性能保持不变，精确度是被认可的仪器。除此以外，也可以利用标准试件来进行率定，即把尺寸加工非常精确的试件用已率定的仪器加载，根据此标准试件加载前后的变化求出安装在标准试件上的被率定仪表的刻度值。此方法准确度不高，但简单易做，所以经常被采用。

为了保证量测数据的精确度，必须十分重视仪器的率定工作。所有新生产或出厂的仪器都要经过率定。正常使用的仪器也必须定期进行率定，因为仪器使用过程中，零件磨损、检修等均会引起零件位置的变动或性状改变，从而导致仪器仪表示值的改变。除定期率定，仪器仪表用于一些重要试验项目前，也必须进行率定。

4.3　应变测量仪器

结构试验中，应变是基本量测内容，具有非常重要的地位，例如，钢筋局部的微应变和混凝土表面的变形量等。另外，可以通过测量构件某部位的应变量，通过计算转化为应力或力，以此间接求算结构或构件的内力、支座反力等参数。

应变测量的方法和仪器很多，主要分为机测和电测两类。机测是指双杠杆应变仪、手持应变仪等机械式仪表，主要用于野外和现场作业条件下结构变形的测试。电测法相对复杂，但精度更高，适用范围更广。目前，大多数结构试验，基本上均采用电测法进行应变测量。

4.3.1　电阻应变片（电阻应变片粘贴技术）

1. 电阻应变片的工作原理及构造

电阻应变片简称应变片，其工作原理是利用某种金属丝导体的应变电阻效应，即当金属丝受力而变形（被拉长或被压缩缩短）时，其长度、截面面积和电阻值都将发生相应变化。电阻变化与应变的关系式为：

$$\frac{\mathrm{d}R}{R} = K_0 \varepsilon \qquad (4\text{-}1)$$

式中　K_0——电阻应变计的灵敏系数，其物理意义是表示单位应变量所引起应变片内金属电阻丝电阻值的改变量；灵敏系数反映的是应变片电阻值对应变的敏感程度，也可称为单丝灵敏度系数，对于某种金属材料而言，其 K_0 为常数；

　　　　ε——金属丝材料的轴向应变。

由上述分析可知，应变片的电阻变化率与应变值成线性关系。当把应变片牢固粘贴在试件上，使之与试件同步变形时，便可由式（4-1）中的电量与非电量转换关系测得试件的应变。一般应变片的灵敏度系数 K 因受其他因素影响，其值与单丝灵敏度系数有所不同，具体数值应由产品分批抽样实测确定，通常 $K = 2.0$。

电阻应变片的构造包括敏感栅（应变计）、基底、密封层和引出线（端子）四部分，如图 4-2 所示。

（1）敏感栅（应变计）。应变片为获得高的电阻值，将金属或者半导体材料

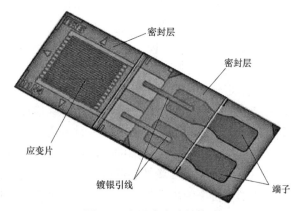

图 4-2　电阻应变片的构造

制成的电阻丝排列成栅状，并用胶粘剂固定在绝缘的基底上，称为敏感栅（应变计）。敏感栅（应变计）的形状和尺寸直接影响应变片的性能。

（2）基底和密封层。基底和密封层起到定位与保护敏感栅（应变计）的功能，使敏感栅（应变计）与被测试件之间绝缘，一般分为纸质和塑料胶底两种。

（3）引出线和端子。引出线的作用是将电阻应变片与应变测量电桥连通。引出线的一端与应变片的电阻丝焊接在一起，材质一般采用镀银、镀锡或镀合金的软铜线。图4-2应变片即采用的镀银引线。端子的作用是连接引出线和量测设备（如电阻应变仪等）。为方便使用，一些应变片已经固定做好端子供量测设备直接连接（图4-2）。

2. 电阻应变片的分类与技术指标

电阻应变片的种类很多，按敏感栅（应变计）的种类划分，有丝绕式、箔式、半导体等；按基底材料划分，有纸基、胶基等；按使用温度划分，有低温、常温、高温等。图4-3为几种应变片形式。

图 4-3　几种电阻应变片

应变片的主要技术指标有：

（1）电阻值。国内用于测量应变片电阻值变化的电阻应变仪多按 120Ω 设计，故大多数应变片的电阻值均为 120Ω，否则应加以调整或对结果进行修正。

（2）标距。敏感栅在纵轴方向的有效长度 L 称为标距。通常有小标距（2～7mm）、中标距（10～30mm）和大标距（＞30mm）三种规格。

（3）灵敏系数。电阻应变片的灵敏系数出厂前需经抽样试验确定并标注。使用时，必须把电阻应变仪上的灵敏系数值调整至与所选应变片的灵敏系数一致，否则应对结果进行修正。

其他还包括使用面积、机械滞后、零漂等其他性能参数。应变片出厂时，应根据每批产品的电阻值、灵敏系数等关键指标对其名义值的偏差程度将电阻应变片分成若干等级并标注在包装盒上；使用时，根据试验量测的精度要求选定所需应变片的规格等级。

3. 电阻应变片的粘贴

用应变片量测试件的应变，应使应变片与被测构件变形一致，才能得到准确的测量结果。通常采用胶粘剂把应变片粘贴在被测构件上，粘贴的好坏对测量结果的影响很大。为保证粘贴质量，应变片粘贴技术要求十分严格，要求做到：

（1）测点基底平整、清洁、干燥。

（2）胶粘剂的电绝缘性、化学稳定性和工艺性能良好，蠕变小，粘贴强度高，温湿度影响小。

（3）同一组应变计规格型号应相同，尽量做到为同一批次出厂。

（4）应变片粘贴应牢固、方位准确，不得含有气泡、碎屑等。

常用的胶粘剂有氰基丙烯酸酯类（如 KH502 胶粘剂）、环氧类等。另外，在应变片粘贴完成后，还需要用石蜡、硅胶或环氧树脂等对应变片做防潮绝缘处理。

4.3.2　电阻应变仪

结构试验中使用的电阻应变仪为电阻应变片量测信号的专用放大器，根据工作频率范围可分为静态电阻应变仪和动态应变仪。

电阻应变仪由测量电路、放大器、相敏检波器和电源等部分组成。其中测量电路的作用是将应变片的电阻变化转换为电压或电流的变化，一般采用惠斯登电桥和电位计式两种测量电路，后者仅用在动态参量的量测。

1. 电桥基本原理

惠斯登电桥（图 4-4）由四个电阻 R_1、R_2、R_3、R_4 作为四个桥臂组成电路，A、C 端输入电压，B、D 端为输出端。当输入端电压为 U 时，输出端电压 U_{BD} 为：

$$U_{BD} = U \frac{R_1 R_3 - R_2 R_4}{(R_1 + R_2)(R_3 + R_4)} \tag{4-2}$$

当四个桥臂电阻值相等，即 $R_1 = R_2 = R_3 = R_4$ 时，称为等臂电桥。若四个桥臂的电阻值满足下式：

$$\frac{R_1}{R_2} = \frac{R_3}{R_4} \tag{4-3}$$

则输出电压 $U_{BD} = 0$，此时称为电桥平衡。如果不满足式（4-3），则 $U_{BD} \neq 0$，电桥的 B、D 端就有电压输出。

测量应变时，电桥中只接一个应变片（R_1）时，这种方法称为 1/4 电桥；只接两个应变片（R_1 和 R_2）时，称为半桥接法；四个桥臂均接应变片时，称为全桥接线法。

在电桥初始平衡的前提下，由于试件应变 ε 引起对应的某一桥臂的电阻发生变化，此时电桥不平衡。假设电阻 R_1 的变化值为 ΔR_1，其他电阻保持不变，则电桥的 B、D 端输出电压为：

$$U_{BD} = U \frac{R_2 R_4}{(R_1 + R_2)(R_3 + R_4)} \frac{\Delta R_1}{R_1} \tag{4-4}$$

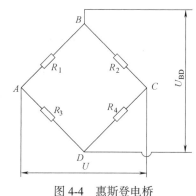

图 4-4　惠斯登电桥

进行全桥测量时，假设电桥平衡的前提下，桥臂的电阻均有变化，则电桥的 B、D 端输出电压为：

$$U_{BD} = U \frac{R_2 R_4}{(R_1 + R_2)(R_3 + R_4)} \left(\frac{\Delta R_1}{R_1} - \frac{\Delta R_2}{R_2} + \frac{\Delta R_3}{R_3} - \frac{\Delta R_4}{R_4} \right) \tag{4-5}$$

如果测量时选用规格相同的四个应变片，即 $R_1 = R_2 = R_3 = R_4$，$K_1 = K_2 = K_3 = K_4$，则有：

$$U_{BD} = \frac{1}{4} UK (\varepsilon_1 - \varepsilon_2 + \varepsilon_3 - \varepsilon_4) \tag{4-6}$$

式中　　　　K——应变片灵敏系数；

ε_1、ε_2、ε_3、ε_4——分别为各应变片的应变。

由上式可知，当 $\Delta R \leqslant R$ 时，输出电压与四个桥臂应变的代数和成线性关系，相邻桥臂的应变符号相反，如 ε_1 和 ε_2；相对桥臂的应变符合相同，如 ε_1 和 ε_3。由此可得电桥的桥臂特性，即当相邻桥臂的应变增量同号时，其作用相互抵消；异号时，其作用相互叠加。而两相对桥臂的应变增量同号时，其作用相互叠加；异号时，其作用则相抵消。利用上述特性，可以进行温度补偿和求得不同连接方式时的桥臂系数及相应不同的量测灵敏度。

用电阻应变仪测量应变时，电阻应变仪中的电阻和粘贴在试件上的电阻应变片共同组成惠斯登电桥。当应变片发生应变、电阻值发生变化，电桥则失去平衡。如果在电桥中接入一可变电阻，调节可变电阻值，可使电桥恢复平衡，这个可变电阻调节值与应变片的电阻变化有对应关系。通过测量这个可变电阻调节值来测量应变的方法称为零位读数法。如果不用可变电阻，直接测量电桥失去平衡后的输出电压值，再换算成应变值，这种方法称为直读法（也称偏位法）。

随着电子技术的发展，配置有高精度、高分辨率的积分电压表的数据采集仪已广泛应用于结构试验和应变测量。数据采集仪测量应变常采用直读法，直接测量电桥失去平衡后的输出电压，通过换算可得到相应的应变值。

2. 温度补偿技术

在实际应变测量时，试验环境的温度总是变化的，安装在试验对象上的电阻应变片也会受到温度影响而使其电阻发生变化。温度产生的电阻变化常常具有与试件应变所产生的电阻变化相同的数量级，极限情况下甚至会超过。因此，必须采取措施消除温度的影响，保证应变测试精度。

温度导致的附加应变一般可分为两类：一类是温度变化引起电阻应变片敏感栅电阻变化，产生附件应变；另一类是试件材料和应变片敏感栅材料的线膨胀系数不同，两者又粘贴在一起，温度变化时，使应变片产生附加应变。总的附加应变效应为两者之和，必须在应变测试过程中予以消除。

消除温度影响的方法称为温度补偿方法，分为桥路补偿和应变片自补偿两种。

桥路补偿法也称为补偿片法。如图 4-5 所示，电阻应变片 R_1 安装在试件上测量应变（R_1 此时称为工作片），电阻应变片 R_2 安装在与 R_1 温度环境相同但不产生荷载应变的同类试件上。当环境温度变化时，电阻应变片 R_1 和 R_2 因温度改变发生同样的电阻变化，桥臂的电压输出为零，此时，只有试件在外部作用下发生的应变才会使桥路发生电压变化。这样，就消除了温度变化对应变测试结果的影响。

如果桥路里两个或全部四个应变片均粘贴在对象试件上，且测点存在着机械应

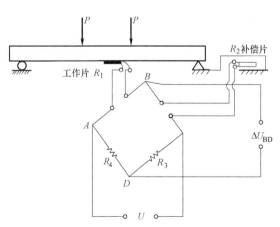

图 4-5　温度补偿应变片桥路连接示意图

变值相同，但符号相反，又处在相同温度环境下时，则可以将这些应变片按照符号不同，分别接在相应的邻臂上，这样在等臂条件下，不需要另外的温度补偿片，称为自补偿半桥或自补偿全桥应变测量方式，如图4-6所示。

当无法找到合适的位置连接温度补偿片，或者工作片与温度补偿片的温度变化不同时，应采用温度自补偿片，即使用一种敏感栅的温度影响能自动消除的特殊应变片。目前，国外已有应用于测定混凝土内部应力的大标距自补偿片。

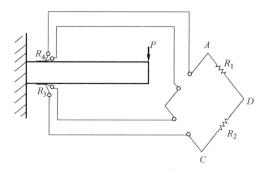

图4-6　工作应变片互为温度补偿桥路连接示意图

4.3.3　实用电路及其应用

1. 全桥电路

全桥电路是在测量桥路中的四个桥臂上全部接入工作应变片，工作应变片接在AB、BC、CD、DA桥臂上，相邻桥臂上的工作片兼做温度补偿片用，电路图如图4-7（a）所示。此时桥路输出端电压$U_{BD}=\dfrac{1}{4}UK(\varepsilon_1-\varepsilon_2+\varepsilon_3-\varepsilon_4)$。

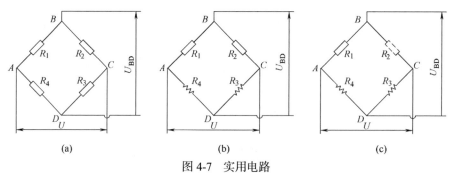

图4-7　实用电路
（a）全桥电路；（b）半桥电路；（c）1/4桥电路

结构试验中常使用的圆柱体荷载传感器制作过程中，在桶壁沿纵向和横向分别粘贴1到4号应变片，如图4-8所示。根据电桥原理和泊松比效应，推导得知B、D端的输出电压为$U'_{BD}=\dfrac{1}{4}UK\times2(1+\mu)\varepsilon$，即输出信号放大了$2(1+\mu)$倍，提高了测量的灵敏度，且通过临臂实现自动温度补偿。为消除受载偏心的影响，厂商常在圆柱体荷载传感器桶壁上额外粘贴另外的工作应变片，与原有应变片并联后接入桥臂。

2. 半桥电路

半桥电路由两个工作应变片和两个应变仪内

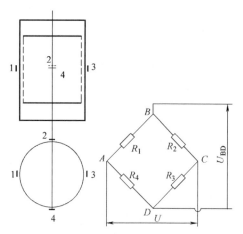

图4-8　荷载传感器全桥连接示意图

部固定电阻组成, 工作应变片连接在 AB、BC 桥臂上, 如图 4-7 (b) 和图 4-9 所示。例如, 测定悬臂梁固定端的弯曲变形时, 就可以利用粘贴在梁固定端部的两个工作片接入电阻应变仪的两个相邻桥臂进行测量。

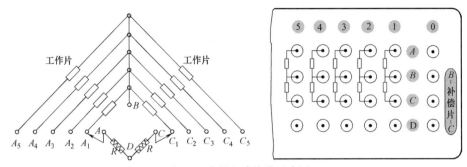

图 4-9 半桥电路接线示意图

利用输出公式可推导得到输出电压 $U_{BD} = \frac{1}{4} UK [\varepsilon_1 - (-\varepsilon_1)] = \frac{1}{4} UK \times 2\varepsilon_1$, 即电桥输出灵敏度提高了 1 倍, 温度补偿也自动完成。

3. 1/4 桥电路

1/4 桥电路常用于测量应力场的单个应变, 如纯弯曲梁下边缘的最大纵向拉应变等, 电路如图 4-7 (c) 和图 4-10 所示。电路中需要在 B、C 端接入温度补偿片来进行温度补偿, 且此种接法对 B、D 端输出信号没有作用。

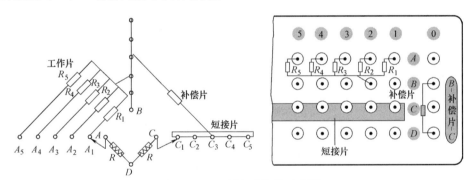

图 4-10 1/4 桥电路接线示意图

4.4 位移测量仪器

4.4.1 结构线位移测定

结构在荷载作用下必然会产生位移, 位移是反映结构整体工作状况的最主要参数。结构试验中, 位移包括线位移、角位移、裂缝张开的相对位移和变形引起的相对位移 (应变) 等。

线位移测量大多为相对位移量测, 即结构上一点的空间位置相对于基准点的空间位置的移动。基准点可以是结构物以外的某一固定点, 也可以是结构上的另一点。

量测位移的仪器有机械式、电子式和光电式等多种。机械式仪表主要包括建筑结构试验中常用的如千分表、百分表、挠度计等接触式位移计，以及桥梁试验中常用的千分表引伸计和绕丝式挠度计等。电子式仪表主要包括滑线电阻式位移传感器和差动变压器式位移传感器等。

1. 接触式位移计

常用的接触式位移计包括千分表、百分表和挠度计。图 4-11 为百分表的构造示意图。其基本原理是：当测杆随着试件一起运动时，测杆上的齿条带动齿轮，使长、短指针同时按各自齿比关系转动，从而在表盘中表示出测杆相对于表壳的位移值数值。千分表内部增加了一对放大齿轮或杠杆，使得其灵敏度可以比百分表提高了 10 倍。

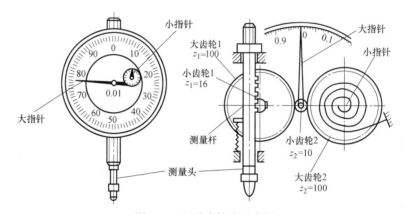

图 4-11　百分表构造示意图

使用接触式位移计量测位移时，需要将位移计安装在独立于被测试件之外的稳定的磁性表座上，夹紧固定住位移计的颈轴，将可上下运动的测杆顶住测点，并使测杆与测面保持垂直。常用的接触式位移计的性能指标见表 4-1。

常用的接触式位移计性能指标表　　　　表 4-1

名称	刻度值（mm）	量程（mm）	允许误差（mm）
百分表	0.01	5/10/50	0.01
千分表	0.001	1	0.001
挠度计	0.05	≥ 50	0.1

2. 滑线电阻式位移传感器

随着电测技术的发展，滑线电阻式位移传感器也越来越多的运用到结构试验中。滑线电阻式位移传感器如图 4-12 所示，主要由测杆、滑线电阻和触头组成，其利用应变片的电桥进行测量。

测杆通过触头将电阻分成 R_1 和 R_2，当测杆上下移动时，R_1 将增大或减小 ΔR_1，与此同时，R_2 也将减小或增大 ΔR_1。根据电桥原理，可得 B、D 端输出电压 $U_{BD} = \dfrac{1}{4} U \dfrac{\Delta R_1 - (-\Delta R_1)}{R} = \dfrac{1}{4} UK \times 2\varepsilon$。采用这样的半桥连接时，输出量与位移引起的电阻增量成正比。滑线电阻式

位移计的量程一般为 10~200mm，精度一般高于百分表 2~3 倍。

光纤位移传感器技术近年来发展迅猛，因其不受电磁干扰，绝缘性能好，耐腐蚀，可用于高温、高压、有腐蚀的场合。

光电传感器是另一种新型传感器。光电传感器从发光部发出信号光，在受光部接收被测物体的反射光量，得到输出信号。信号光可以是可见光或红外光，可以制成激光传感器、红外传感器，被测的物理量可以是位移，也可以是速度或加速度等。

当位移值较大或测量精度要求不高时，有时可以采用水准仪、经纬仪结合直尺等测量仪器进行测量。

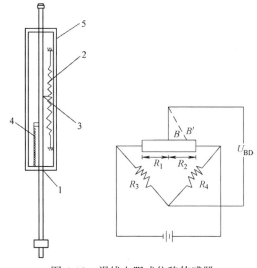

图 4-12　滑线电阻式位移传感器
1—测杆；2—滑线电阻；3—触头；4—弹簧；5—壳体

4.4.2　结构转动变形测定

结构试验中，结构变形反应的测量除了线位移以外，有时也有结构转动变形对应的角位移检测的要求。角位移传感器安装在被测点位上，试验时随着结构的变形而产生角度变化，由此测得结构的角位移。

常用的角位移传感器有水准管式倾角仪、电阻应变式倾角传感器和水准式角度传感器等。它们的工作原理是以重力作用线为参考，以感受元件相对于重力线的某一状态为初值，当传感器随结构一起发生角位移后，其感受元件相对于重力线的状态也随之改变，把这个相应的变化量用各种方法转换成表盘数值或各种电量。

此外，截面的曲率、节点剪切变形和相对滑移等变形性能都是结构分析的重要资料。在掌握了量测的基本方法后，试验研究人员可针对量测要求，扩充各类传感元件的使用范围，自行设计制造各类传感器。

4.4.3　高速摄像机测量位移与变形

高速摄像机通过追踪物体表面的散斑图像，实现变形过程中物体表面的三维坐标、位移及应变的动态测量、支持计算坐标位移、分析距离夹角、弹性模具、泊松比等各项数据，可直观显示荷载与应变形态的对应关系。

在不接触物体的情况下，高速摄像机可观测振动物体的全部动态特性，一次性测量整片区域内的振动情况，支持跟踪测量多点高速运动的物体，可应用于全场应变、变形、位移振幅、模态、速度、加速度、角速度、转速等信息的测量和获取。

高速摄像机还可以观测材料受力下的形变及断裂的瞬间，观测裂纹衍生的全过程，可助力研究霍普金森杆、悬臂梁冲击、夏比冲击、旋转弯曲疲劳等试验。高速摄像机较传统应变片接触式测量对比，具有非接触式（减少布线、无负载效应、不损伤物体）、直观全面、无信号转换及电（涡）流损耗、多点专业测量等优势；较传统的传感器相比，具有工作环境无限制，精度可保障，更直观观测应变场力大小的特点。

4.5   力值测量仪器

结构试验中，力值测量仪器是用来测量结构的作用力、支座反力等。力值测量仪器分为机械式和电测式两种。机械式测力仪器的原理是利用元件的弹性变形与所受外力成一定比例关系制成。电测仪器具有体积小、反应快、适应性强等优点，在结构试验中得到广泛应用。

4.5.1   荷载和反力测定

荷载传感器可以测定荷载、反力和其他各种外力。根据测定对象与荷载性质不同，荷载传感器分为拉伸型、压缩型和通用型三种。荷载传感器的测量原理是：弹性元件受荷后，将被测力值的变化转变为元件应变量的变化，这个应变量的变化可以通过牢固粘贴在传感器内表面的应变片接收，并将其转换成电阻值的变化。如果该应变片已经接入电桥线路，则电桥的输出变化就直接反映被测力的变化，经过输出公式换算从而测得被测力。常用的荷载传感器的外形基本相同，其核心部分是一个厚壁筒，如图 4-13 所示。根据制作的尺寸和所用材料不同，荷载传感器的负荷能力可以为 10～1000kN，甚至更高。

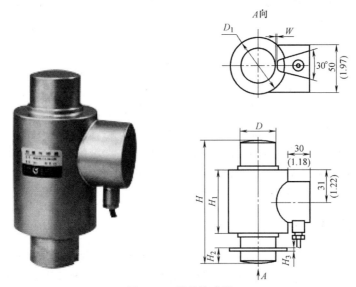

图 4-13   荷载传感器

4.5.2   拉力和压力测定

测定拉力和压力的仪器一般采用机械式测力计。测力计是利用钢制弹簧、环箍或簧片在受力后产生弹性变形，通过机械装置将变形放大后，用指针刻度盘或借助位移计反应力值的大小。图 4-14 所示为几种常见的测力计。

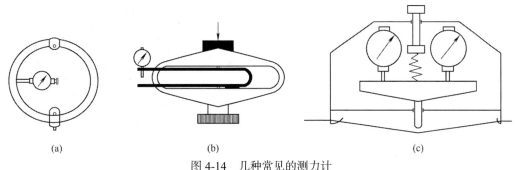

图 4-14 几种常见的测力计
（a）钢环式测力计；（b）环箍式测力计；（c）钢丝张力测力计

4.5.3 结构内部应力测定

当需要测定成型后的钢筋混凝土内部应力时，可采用埋入式测力装置。埋入式测力装置是由混凝土或砂浆制成，其上粘贴电阻应变片，埋入试件后整体浇筑成型，如图 4-15所示。

测量预应力混凝土结构内部应力时常采用振弦式力传感器。振弦式力传感器的测量原理与电阻应变式力传感器的测量原理相同。在振弦式力传感器中，安装了一根张紧的钢弦，当传感器受力产生微小变形时，钢弦张紧程度发生变化，使得其自振频率随之发生变化，测量钢弦的自振频率，就可以通过传感器的变形得到传感器所受到的力，如图 4-16所示。

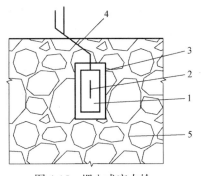

图 4-15　埋入式应力栓
1—与试件同材料的应力栓；2—埋入式应变片；
3—防水层；4—导线；5—试件

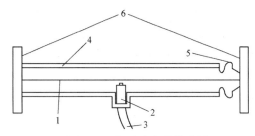

图 4-16　振弦式应变传感器
1—钢弦；2—激振丝圈；3—引出线；
4—管体；5—波纹管；6—端板

4.6　裂缝及温度测定

1. 裂缝测定

检测钢筋混凝土结构构件的裂缝的产生和发展，对于确定结构的开裂荷载、研究结构的破坏过程与结构的抗裂缝以及变形性能均有着重大的价值。

目前，发现和观察裂缝的最主要和最简单的方法是靠肉眼或借助放大镜。试验前，在试件表面刷一层薄石灰浆，待其干燥后进行试验。石灰涂层在高应变下开裂并脱落，能够直观地展示出混凝土表面的裂缝开裂过程。有时为便于记录，可在构件表面干燥了的石灰浆层表面划分方格。

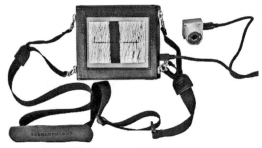

图 4-17　电子裂缝测试仪

除此以外，目前比较先进的方法还有裂纹扩展片法、导电漆膜法、声发射技术法、光弹贴片法等。

裂缝宽度的量测以往一般采用刻度放大镜，近几年来多采用电子裂缝测试仪。电子裂缝测试仪如图 4-17 所示，可直接显示裂缝宽度和裂缝深度，特别适合在现场检测使用。

2. 内部温度测定

温度变化是混凝土结构产生裂纹的主要原因之一，温度控制对于大体积混凝土结构具有非常重要的意义。温度很难计算得到，只能用实测方法确定。

测量混凝土内部的温度通常采用热电偶法或热敏电阻法。利用两种方法制成的温度计或量测单元被预埋在混凝土内部或直接探入测试深度，可以测得混凝土内部的温度值。

4.7　振动测量仪器

振幅、频率、相位和阻尼是结构试验中获得结构的振型、自振频率、位移、速度和加速度等结构动力特性所需量测的基本参数。这些参数是随时间变化的，所以必须使用专门的振动测量仪器。

振动量测设备由传感器、放大器和显示记录设备三部分组成。振动量测中的传感器通常称之为测振传感器或拾振器，其与静力试验中的传感器不同，它所测量的数据是随机的，不是静止的。振动量测中的放大器的功能不仅是将信号放大，而且可以将信号进行积分、微分和滤波等处理，分别测出位移、速度和加速度等振动参量。显示记录设备不仅要记录量测振动参数的大小量级，而且需要记录量测振动参量随时间变化的全部数据资料。

1. 测振传感器的力学模型

由于结构振动是具有随机特性的传递作用，而做结构动力试验时很难在振动体附近找到一个静止点作为测振的基准点，因此，必须在测振仪器内部设置惯性质量弹簧系统，建立一个基准点。图 4-18 即为一个惯性式测振传感器的力学模型。试验时，将测振传感器紧密固定在振动体测点处，仪器外壳将和振动体一起振动。通过测量惯性质量相对于仪器外壳的运动来获取振动体的振动参数，这是一种非直接的测量方法，所以，振动传感器本身的动力特性对测量结果有重要影响。

测振传感器在设计时，一般使惯性质量 m 只能沿 x 方向运动，并使弹簧质量和惯性质量相比，小到可以忽略不计。假设振动体按下列规律振动：

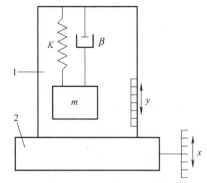

图 4-18　惯性式测振传感器的力学模型
1—测振传感器；2—振动体

$$x = X_0 \sin \omega t \tag{4-7}$$

式中 x——振动体相对于固定参考坐标的位移；

     X_0——被测振动的振幅；

     ω——被测振动的圆频率；

     t——时间。

当传感器外壳与振动体一起振动，以 y 表示惯性质量块 m 相对于传感器外壳的位移，则惯性质量块的总位移为 $x+y$。由质量块 m 所受的惯性力、阻尼力和弹性力之间的平衡关系，可建立振动体系的运动微分方程：

$$m \frac{\mathrm{d}^2(x+y)}{\mathrm{d}t^2} + \beta \frac{\mathrm{d}y}{\mathrm{d}t} + Ky = 0 \tag{4-8}$$

式中 β——弹簧系统产生的阻尼；

     K——弹簧刚度。

2. 测振传感器

测振传感器除应正确反映被测物的振动外，还须不失真地将位移、加速度等振动参量转换为电量，输入放大器。转换的方式有很多，有磁电式、压电式、电阻应变式、电容式、光电式、热电式、电涡流式等等。目前国内应用最多的测振传感器大部分是惯性式测振传感器，主要有磁电式速度传感器和压电式加速度传感器。

1）磁电式速度传感器

磁电式速度传感器是根据电磁感应原理制成的，图 4-19 为一磁电式速度传感器，磁钢和壳体相连接，通过壳体安装在振动体上，与振动体一起振动。芯轴和线圈组成传感器的惯性质量块，通过弹簧片与壳体连接。

振动体振动时，惯性质量块与传感器壳体质量发生相对位移，因而线圈与磁钢之间也发生相对运动，从而产生感应电动势。根据电磁感应定律，感应电动势 E 的大小为：

$$E = BLnv \tag{4-9}$$

式中 B——线圈所在磁钢间隙的磁感应强度；

     L——每匝线圈的平均长度；

     n——线圈匝数；

     v——线圈相对于磁钢的运动速度，即所测振动体的振动速度。

对于传感器来说，B、L、n 是常量，所以传感器的电压输出（即感应电动势 E）与所测振动的速度 v 成正比。

图 4-20 为一摆式测振传感器，其质量弹簧系统设计成转动的形式，因而可以获得更低的仪器固有频率，可以测量 10Hz 以下甚至 1Hz 以下的低频振动。摆式测振传感器也是磁电式传感器，输出电压也与振动速度成正比。

如上所述，磁电式测振传感器的输出电压与所测振动的速度成正比，要求得振动的位移或加速度等其他振动参量可以通过放大器的积分或微分电路来实现。

2）压电式加速度传感器

从物理学知道，一些晶体受到压力并产生机械变形时，在其相应的两个表面上会出现异号电荷；当外力去掉后，又重新回到不带电的状态，这种现象称为压电效应。

压电式加速度传感器就是利用晶体的压电效应把振动加速度转换成电荷量的机电换能

装置。这种传感器具有动态范围大（可达 $10^5 g$）、频率范围宽、重量轻、体积小等特点，因此被广泛应用于振动测量的各个领域，尤其是在宽带随机振动和瞬态冲击等场合。

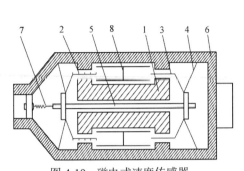

图 4-19　磁电式速度传感器

1—磁钢；2—线圈；3—阻尼环；4—弹簧片；
5—芯轴；6—外壳；7—输出线；8—铝架

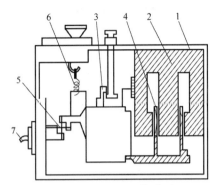

图 4-20　摆式测振传感器

1—外壳；2—磁钢；3—重锤；4—线圈；
5—十字簧片；6—弹簧；7—输出线

本章小结

　　本章介绍了量测系统的一般构成，重点介绍了结构试验中应变测量、位移测量、力值测量的常用仪器设备的原理和测试方法，最后介绍了建筑结构试验中裂缝、应变场应变及温度测定的方法，以及振动测量仪器的量测原理和测试方法。通过本章学习，能够使学生建立建筑结构试验量测系统的基本概念，能够根据需要选择合适的量测仪器仪表，组件量测系统测量指定的数据参量。

思考与练习题

4-1　量测仪表主要由哪几部分组成？量测技术主要包括哪些内容？

4-2　量测仪表的主要技术性能指标有哪些？

4-3　简述量测仪表的选用原则。

4-4　简述电阻应变计的工作原理，电阻应变计的主要技术指标有哪些？

4-5　使用电阻应变计测量应变时，为何要进行温度补偿？温度补偿的方法有哪几种？

4-6　桥路的连接方法有几种？

第 5 章　建筑结构静力试验和动测技术

本章要点及学习目标

本章要点：

建筑结构静载试验涉及的问题是多方面的，本章着重讨论关于加载方法的各种方案及其理论依据，如何选择和正确测量各种变形参数，着重讲述数据处理中的一些常见问题及结构性能检验与质量评估原则等。简要介绍结构动力试验中结构动荷载特性、结构动力特性、结构动力反应的各种参数的测定与数据处理方法。

学习目标：

掌握静载试验的各类加载方案及其理论依据；了解结构性能检验与质量评估原则；掌握结构动力特性参数的测定与数据处理方法。

5.1　概述

建筑结构上的作用分为直接作用和间接作用。直接作用又可分为静力荷载作用和动力荷载作用。静载作用是指结构构件不引起加速度或加速度可以忽略不计的直接作用；动载作用则是指结构或构件产生不可忽略的加速度反应的直接（或间接）作用。在结构直接作用中，经常起主导作用的是静力荷载。因此，建筑结构静载试验是结构试验中最基本也是最多的一种试验。根据试验加载与观测时间的不同，结构静载试验又可分为短期荷载试验和长期荷载试验。

建筑结构静载试验中最常见的是单调加载静力试验。单调加载是指在不长的时间内对试验对象进行平稳地一次连续施加荷载。荷载从"零"开始一直到结构构件破坏或达到预定荷载或是在短时期内平稳地施加若干次预定的重复荷载后，再连续增加荷载直到结构构件破坏。在静力试验中，加载速度很慢，结构变形速度也很慢，可以忽略加速度引起的惯性力及其对结构变形的影响。

结构试验的目的是用物理力学方法测定和研究结构（构件）在静力荷载作用下的反应、分析、判定结构的工作状态与受力情况。所以在静载试验中，主要观测和研究结构构件的承载力、变形、抗裂性等基本性能和破坏机制。

建筑结构由基本构件组成（如梁、板、柱和单片砌体等），主要承受拉、压、弯、剪、扭等外力作用。通过静力试验，可以研究在各种力和要素的单独或组合作用下这些基本构件的结构性能和承载能力等问题，研究混凝土结构构件的荷载与开裂的相互关系和反映结构构件变形与时间关系的徐变问题，研究钢结构构件的局部或整体失稳问题。对于整体结构，通过静力试验来揭示结构空间工作、整体刚度、非承重构件和某些薄弱环节对结构整体工作的影响。

　　建筑结构静载试验涉及的问题是多方面的。本章着重讨论关于加载方法的各种方案及其理论依据。如何选择和正确量测各种变形参数，简要介绍数据处理中的一些常见问题及结构性能检验与质量评估原则等。

5.2　试验前的准备工作

　　试验前的准备，是指试验之前的所有准备工作，包括试验规划和准备两个方面。这两项工作在整个试验过程中，时间最长、工作量最大，内容也最庞杂。准备工作是合充分，将直接影响试验成果。

5.2.1　调查研究、收集资料

　　准备工作首先要把握试验信息，这就要调查研究、收集资料，充分了解本项试验的任务和要求，明确试验目的和性质，做到心中有数，以便确定试验的规模、形式、数量和种类，正确地进行试验设计。

　　生产性试验的调查研究主要是向有关设计、施工和使用单位或人员收集资料。设计方面包括设计图纸、计算书和设计所依据的原始资料（如地基勘测资料、气象资料和生产工艺资料等），施工方面包括施工日志、材料性能试验报告、施工记录和隐蔽工程验收记录等，使用方面主要是使用过程、超载情况或事故（或灾害）经过的调查记录等。

　　科学研究性试验的调查研究主要是向有关科研单位和情报部门以及必要的设计和施工单位收集与本试验有关的历史（如国内外有无做类似的试验，采用的方法及其结果等）、现状（如已有哪些理论、假设和设计，施工技术水平及材料、技术状况等）和将来发展的要求（如生产、生活和科学技术发展的趋势与要求等）。

5.2.2　制定试验大纲

　　试验大纲是在取得调查研究成果的基础上，为使试验有条不紊地进行，以取得预期效果而制定的纲领性文件，内容一般包括以下十个方面。

　　1. 概述

　　简要介绍调查研究的情况，提出试验的依据及试验的目的、意义与要求等，必要时还应有相关理论分析和计算。

　　2. 试件的设计及制作要求

　　这包括设计依据及理论分析和计算，试件的规格和数量，制作施工图以及对原材料、施工工艺的要求等。对鉴定性试验，也应阐明原设计要求、施工或使用情况等。试验数量按结构或材质的变异性与研究项目间的相关条件来确定（如按正交试验设计），宜少不宜多。一般鉴定性试验为避免尺寸效应的影响，根据加载设备能力和试验经费等情况，试件尺寸应尽量接近实体。

　　3. 试件安装与就位

　　这包括就位的形式（正位、卧位或反位）、支承装置、边界条件模拟、保证侧向稳定的措施和安装就位的方法、装置及机具等。

4. 加载方法与设备

这包括荷载种类及数量、加载设备装置、荷载图式及加载制度等。

5. 量测方法和内容（观测方案设计）

这主要说明观测项目、测点布置和量测仪表的选择、标定、安装方法及编号图、量测顺序规定和补偿仪表的设置等。

6. 辅助试验

这包括材料的物理力学性能的试验和某些探索性小试件或小模型、节点试验等。在此应列出试验内容，阐明试验目的、要求、试验种类、试验个数、试件尺寸、制作要求和试验方法。

7. 试验安全措施

这应包括人员、设备和仪表等方面的安全防护措施。

8. 试验进度计划

这包括试验开始时间、完成日期以及试验过程的详细进度安排。

9. 试验组织管理

一个试验，特别是大型试验，参加试验人数多，牵涉项目广，必须严密组织，加强管理。这包括技术档案资料、原始记录管理、人员组织和分工、任务落实、工作检查、指挥调度以及必要的技术交底和培训工作。

10. 附录

这包括所需器材、仪表、设备及经费预算，观测记录表格，加强设备、量测仪表的精度结果报告和其他必要文件、规定等。记录表格设计应使记录内容全面，方便使用。其内容除了记录观测数据外，还应有测点编号、仪表编号、试验时间、记录人签名等栏目。

总之，整个试验的准备必须充分，规划必须细致、全面。每项工作及每个步骤必须十分明确。防止盲目追求试验次数多、仪表数量多、观测内容多以及不切实际地提高量测精度等，以免造成试验工作的混乱和浪费，甚至使试验失败或发生安全事故。

5.2.3 试件准备

试验的对象，除鉴定性试验外，并不一定就是研究任务中的具体结构或构件。根据试验的目的要求，它可能经过这样或那样的简化，可能是模型，也可能是其局部（例如节点或杆件），但无论如何均应根据试验目的与有关理论按大纲规定进行试件设计与制作。

在设计制作时应考虑到试件安装和加载量测的需要，在试件上进行必要的构造处理，如钢筋混凝土试件支承点预埋钢垫板、局部截面加强及加设分布筋等；平面结构侧向稳定支撑点配件安装，倾斜面上加载面增设凸肩以及吊环等细节都不要疏漏。

试件制作工艺，必须严格按照相应的施工规范进行，并做详细记录。按要求留足材料力学性能试验试件，并及时编号。

试件在试验之前，应按设计图纸仔细检查、测量各部分实际尺寸、构造情况、施工质量、存在缺陷（如混凝土的蜂窝麻面、裂纹，木材的疵病，钢结构的焊缝缺陷、锈蚀等）、结构变形和安装质量。钢筋混凝土还应检查钢筋位置、保护层的厚度和钢筋的锈蚀情况等。这些情况都将对试验结果有重要影响，应做详细记录并存档。

对试件检查之后，应进行表面处理，例如去除或修补一些有碍试验观测的缺陷，钢筋混凝土表面的刷白，分区划格。刷白的目的是为便于观测裂缝；分区划格是为了荷载与测点准确定位，记录裂缝的发生和发展过程以及描述试件的破坏形态。观测裂缝的区格尺寸一般取 10～30cm，必要时还可缩小。

此外，为方便操作，有些测点布置和处理（如手持应变仪、杠杆应变计、百分表应变计脚标的固定、钢测点的去锈，甚至应变计的粘贴、接线和材料力学性能非破损检测等）也应在试件准备阶段进行。

5.2.4　材料物理力学性能测定

结构材料的物理力学性质指标，对结构性能有直接的影响，是结构计算的重要依据。试验中的荷载分级，试验结构的承载能力和工作状况的判断与估计，试验后数据处理与分析等工作都需要材料的力学性质指标。因此在正式试验之前，应首先对结构材料的实际物理力学性能进行测定。

测定项目，通常有强度、变形性能、弹性模量、泊松比、应力 - 应变关系等。

测定的方法有直接测定法和间接测定法。直接测定法就是将在制作结构或构件时预留的小试件，按有关标准方法在材料试验机上测定。这里仅就混凝土的应力 - 应变全曲线的制定方法做简单介绍。

混凝土是一种弹塑性材料，应力 - 应变关系比较复杂，对混凝土结构的某些研究，如长期强度、延性和疲劳强度试验等都具有十分重要的意义。

目前，最有效的方法是采用出力足够大的电液伺服试验机，以等应变控制方法加载。若在普通液压试验机上试验，则应增设刚性装置，以吸收试验机所释放的动力效应能。刚性元件要求刚度常数大，一般为 100～200kN/mm，容许变形大，能适应混凝土曲线下降段的巨大应变，一般为（6～30）×10^{3}με。增设刚性装置后，试验后期荷载仍不应超过试验机的最大加载能力。刚性装置可用弹簧或同步液压加载器等。间接测定法，一般采用非破损试验法，即用专门仪器对结构或构件进行试验，用实测得到的与材料有关的物理量推算出材料强度等参数，而不破坏结构或构件。

5.2.5　试验设备与试验场地的准备

试验开始之前，应对试验计划使用的加载设备和量测仪表进行逐一检查，并进行必要的修正和标定，以达到试验使用的要求。仪器标定必须有标定报告，以供资料整理或使用过程中修正。

在试件进场之前，应对试验场地加以清理和安排，包括水、电、交通和清除不必要的杂物，集中安排好试验使用的物品。必要时，应做场地平面设计，架设或准备好试验中的防风、防雨和防晒设施，避免对荷载和量测造成影响。现场试验支座处的地耐力应经局部验算和处理，下沉量不宜太大，以保证结构作用力的正确传递和试验工作顺利进行。

5.2.6　试件安装就位

按照试验大纲的规定和试件设计要求，在各项准备工作就绪后即可将试件安装就位。保证试件在试验的全过程都能按计划模拟条件工作，避免因安装错误而产生附加应力或出现安全事故，是安装就位时需要重点解决的问题。

简支结构的两支点应在同一水平面上，高差不宜超过试验跨度的1/50。试件、支座、支墩和台座之间应密合稳固，为此常采用砂浆坐缝处理。超静定结构包括四边支承和四角支承。各支座应保持均匀接触，最好采用可调支座。若支座带有测定支反力的测力计，应调节至该支座应承受的试件重量为止，也可采用砂浆坐浆或湿砂调节。扭转试件安装应注意扭转中心与支座转动中心的一致，可用钢垫板等加垫调节。嵌固支承，应上紧夹具，不得有任何松动或滑移可能。卧位试验，试件应放在水平滚轴或平车上，以减轻试验时试件水平位移的摩阻力，同时也防止试件侧向下挠。

5.2.7　加载设备和量测仪器安装

加载设备的安装，应根据加载设备的特点按照大纲设计的要求进行。有的设备与试件就位同时进行，如支承机构；有的则在加载阶段进行安装。大多数加载设备是在试件就位后安装。要求安装固定牢靠，应采取必要措施以保证荷载模拟正确和试验安全。仪表安装位置按观测设计方案确定。安装后应及时把仪表号、测点号、位置和连接仪器上的通道号一并记入记录表中。调试过程中如有变更，记录亦应及时做相应的改动，以防混淆。接触式仪表还应有保护措施，例如加带悬挂，以防振动掉落损坏。

5.3　基本构件的单调加载静力试验

5.3.1　受弯构件的试验

1. 试件的安装和加载方法

单向板和梁是受弯构件中的典型构件，同时也是建筑中的基本承重构件。预制板和梁等受弯构件一般都是简支的，在试验安装时都采用正位试验，一端采用铰支座，另一端采用滚动支座。要求支座符合规定的边界条件，并在试验过程中保持牢固和稳定。为了保证构件与支承面的紧密接触，在支墩与钢板、钢板与构件之间应用砂浆找平。由于板的宽度较大，要防止与避免支承面产生翘曲。板一般承受均布荷载，试验加载时应将荷载施加均匀。当用重力直接加载时，应在板面上划分区格，表示出荷载安放的位置并堆放成垛，每垛之间应留有间隙，避免因构件受载弯曲后由于荷载间相互作用产生起拱作用，致使荷载传递不明确或改变试件受荷后的工作状态。

梁所受的荷载较大，当施加集中荷载时，通常用液压加载器通过分配梁施加几个集中力或用液压加载系统控制多台加载器直接加载。当荷载要求不大时，也可以用杠杆重力加载。构件试验的荷载图式应符合设计规定和结构实际受载情况。当试验荷载的布置图式不能完全与设计的规定或实际情况相符时或者为了试验加载的方便及受加载条件限制时，可用等效的原则进行换算，即使试验构件的内力图形与设计或实际的内力图形相等或接近，并使两者最大受力截面的内力值相等，在此条件下求得试验等效荷载。

在受弯构件试验中经常是用几个集中荷载来代替均布荷载，如图5-1所示，采用在跨度四分点加两个集中荷载的方式来代替均布荷载，并取试验梁的跨中弯矩等于设计弯矩时的荷载作为梁的试验荷载，这时支座截面的最大剪力也可以达到均布荷载梁的剪力设计数值。如能采用四个等距集中荷载来进行加载试验时，则可得到更为满意的结果，如图 5-1（c）所示。

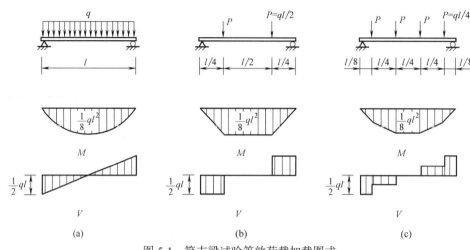

图 5-1　简支梁试验等效荷载加载图式

（a）均布荷载；（b）2 个集中荷载；（c）4 个集中荷载

当采用上述等效荷载试验时能较好地满足 M 与 V 值的等效，但试件的变形，即刚度不一定满足等效条件，此时应考虑进行修正。按同样原则也可求得变形相等的等效荷载。

2. 试验项目和测点布置

钢筋混凝土梁板构件的生产鉴定性试验一般只测定构件的强度、抗裂度和各级荷载作用下的挠度及裂缝开展情况。生产性试验一般不测量应力。

对于科学研究性试验，除了强度、挠度、抗裂度和裂缝观测外，还要量测构件某些部位的应力，以分析构件中该部位的应力大小和分布规律。

1）挠度的测量

梁的挠度值是量测数据中最能反映其总的工作性能的一项指标，因为梁的任何部位的异常变形或局部破坏（开裂）都将通过挠度或在挠度曲线中反映出来。对于梁式结构最主要的是测定跨中最大挠度值及梁的弹性挠度曲线。

为了得到梁的实际挠度值，试验时必须考虑支座沉陷的影响。对于图 5-2（a）所示的梁，在试验时由于荷载的作用，其两个端点处的支座常常会有沉陷，以致使梁产生刚性位移，因此，如果跨中的挠度是相对地面进行测定的话，则同时还必须测定梁两端支承面相对同一地面的沉陷值，所以最少要布置三个测点。

由于支座承受的巨大作用力，将或多或少地引起周围地基的局部沉陷，因此安装仪器的架子必须离开支座墩子一定距离。但在永久性的钢筋混凝土台座上进行试验时，上述地基沉陷可以不予考虑。此时两端部的测点可以测量梁端相对于支座的压缩变形，从而可以比较正确地测得梁跨中的最大挠度 f_{max}。对于跨度较大的梁，为了保证量测结果的可靠性，并求得梁在变形后的弹性挠度曲线，则相应地要增加至 5～7 个测点，并沿梁的跨间对称布置，如图 5-2（b）所示。对于宽度较大的梁，必要时应考虑在截面的两侧布置测点，所需仪器的数量也就需要增加一倍，此时各截面的挠度取两侧仪器读数的平均值。

对于测定梁水平面的水平挠曲可按上述同样原则进行布点。

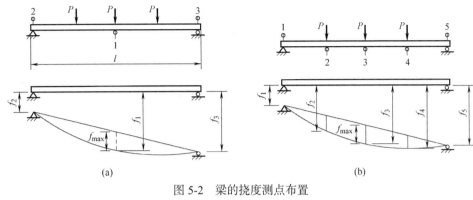

图 5-2　梁的挠度测点布置

（a）三个测点；（b）五个测点

对于宽度较大的单向板，一般均需在板宽的两侧布点。当有纵肋时，挠度测点可按测量梁的挠度的原则布置于肋下。对于肋形板的局部挠曲，则可相对于板肋来进行测定。

2）应变测量

梁属于受弯构件，要量测由于弯曲产生的应变，一般在梁承受正负弯矩最大的截面或弯矩有突变的截面上布置测点。对于变截面的梁，则应在抗弯控制截面上布置测点（即在截面较弱而弯矩值较大的截面上）。有时也需在截面突然变化的位置上布置测点。

如果只要求测量弯矩引起的最大应力，则只需在该截面上、下边缘纤维处安装应变计即可。为了减少误差，上下纤维上的仪表应设在梁截面的对称轴上，如图 5-3（a）所示，或是在对称轴的两侧各设一个仪表，以求取它的平均应变量。

对于钢筋混凝土梁，由于材料的非弹性性质，梁截面上的应力分布往往是不规则的。为了求得截面上应力分布的规律和确定中和轴的位置，一般沿截面高度至少需要布置五个测点，如果梁的截面高度较大时，还应沿截面高度增加测点数量。测点愈多，则中和轴位置能定得更准确，在截面上应力分布的规律也愈清楚。应变测点沿截面高度的布置可以是等距离的，也可以是不等距而外密里疏，以便比较准确地测得截面上较大的应变，如图 5-3（b）所示。对于布置在靠近中和轴位置处的仪表，由于应变读数值较小，因此相对误差可能很大，以致不起任何效用。但是，在受拉区混凝土开裂以后，我们经常可以通过该测点读数值的变化来观测中和轴位置的上升与变动。

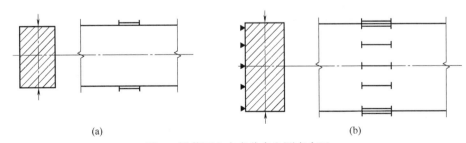

图 5-3 梁截面上应变分布和测点布置

（a）测量截面上最大纤维应变；（b）测量中和轴位置与应变分布规律

（1）弯曲应力测量

在梁的纯弯曲区域内，梁的截面上仅有正应力产生，故在该处截面上可仅布置单向的应变测点，如图 5-4 截面 1-1 所示。

钢筋混凝土受拉区的混凝土开裂以后，由于该处截面上混凝土部分退出工作，此时布置在混凝土受拉区的应变计将失去其量测的作用。为进一步考察截面的受拉性能，在受拉区的钢筋上也应布置测点以便量测钢筋的应变，由此可获得梁截面上内力重分布的规律。

图 5-4 钢筋混凝土梁测量应变的测点布置

截面 1-1 测量纯弯曲区域内正应力的单向应变测点；

截面 2-2 测量剪应力与主应力的应变网络测点；

截面 3-3 梁端零应力区校核测点

（2）平面应力测量

在荷载作用下的梁截面 2-2 上（图 5-4）既有弯矩作用，又有剪力作用，为平面应力状态。为了求该截面上的最大主应力及剪应力的分布规律，需要布置直角应变网络，通过三个方向上应变的测定，求得最大主应力的数值及作用方向。

抗剪测点应设在剪应力较大的部位。对于薄壁截面的简支梁除支座附近的中和轴处产生剪应力较大外，还可能在腹板与翼缘的交接处也将产生较大的剪应力或主应力，这些部位也应布置测点。当要求测量梁沿长度方向的剪应力或主应力的变化规律时，则在梁长度方向宜分布较多的剪应力测点。有时为测定沿截面高度方向剪应力变化，则需沿截面高度方向设置测点。

（3）箍筋和弯起筋的应力测量

对于钢筋混凝土梁来说，为研究梁的抗剪强度，除了混凝土表面需要布置测点外，通常在梁的弯起钢筋和箍筋上布置应变测点，如图 5-5 所示。一般采用预埋或试件表面开槽的方法来解决在钢筋上设点的问题。

（4）翼缘与孔边应力测量

对于翼缘较宽较薄的 T 形梁，其翼缘部分一般不能全部参加工作，即受力不均匀，这时应该沿翼缘宽度布置测点，测定翼缘上应力分布情况，如图 5-6 所示。

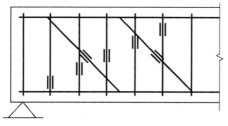

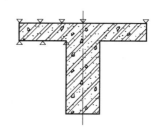

图 5-5 钢筋混凝土梁的弯起钢筋和箍筋上的应变测点   图 5-6 T 形梁翼缘的应变测点

（5）校核测点

为了校核试验量测的正确性，便于在整理试验结果时进行误差修正，经常在梁的端部凸角上的零应力处布置少量测点（图 5-4 截面 3-3），以检验整个量测过程和量测结果是否正确。

3）裂缝测量

裂缝测量主要包括测定开裂荷载、位置，描述裂缝的发展和分布以及测量裂缝的宽度和深度。在钢筋混凝土梁试验时，经常需要测定其抗裂性能，因此要在估计裂缝可能出现的截面或区域内，沿裂缝的垂直方向连续地或交替地布置测点，以便准确地控制开裂，测定梁的抗裂性能。对于混凝土构件，主要是控制弯矩最大的受拉区及剪力较大且靠近支座部位斜截面的开裂。

一般垂直裂缝产生在弯矩最大的受拉区段，在这一区段要连续设置测点。这对于选用手持式应变仪量测时最为方便，它们各点间的间距按选用仪器的标距决定。如果采用其他类型的应变仪（如千分表，杠杆应变仪或电阻应变计），由于各仪器标距的不连续性，为防止裂缝正好出现在两个仪器的间隙内，故经常将仪器交错布置。当裂缝未出现前，仪器的读数是逐渐变化的。如果构件在某级荷载作用下初始开裂，则跨越裂缝测点的仪器读数将会有较大的跃变，此时相邻测点仪器读数可能变小，有时甚至会出现负值。

每一构件中测定裂缝宽度的裂缝数目一般不少于 3 条，包括第一条出现的裂缝以及开裂最大的裂缝，取其中最大值为最大裂缝宽度值，凡选用测量裂缝宽度的部位应在试件上标明并编号，各级荷载下的裂缝宽度数据则记在相应的记录表格上。

每级荷载下出现的裂缝均须在试件上标明，即在裂缝的尾端注出荷载级别或荷载数量，以后每加一级荷载裂缝长度有新的扩展，需在新裂缝的尾端注明相应的荷载。由于卸载后裂缝可能闭合，所以应紧靠裂缝的边缘 1～3mm 处平行画出裂缝的位置和走向。试验完毕后，根据上述标注在试件上的裂缝绘出裂缝展开图。

5.3.2　受压构件的试验

受压构件（包括轴心受压和偏心受压构件）是建筑结构中的基本承重构件，主要承受竖向压力，柱子是最常见的受压构件。在实际工程中钢筋混凝土柱大多数是偏心受压构件。

1. 试件安装和加载方法

对于柱子和压杆试验可以采用正位或卧位试验的安装和加载方案。在具备大型结构试验机的条件时，试件可在长柱试验机上进行试验，也可以利用静力试验台座上的大型荷载支承设备和液压加载系统配合进行试验。但对于高大的柱子正位试验时安装困难，也不便于观测，这时可以改用卧位试验方案（图 5-7）比较安全，但安装就位和加载装置往往又比较复杂，同时在试验中还要考虑卧位状态下结构自重所产生的影响。

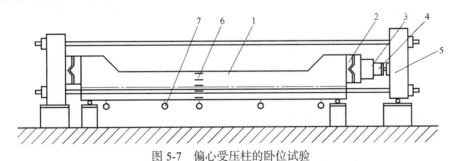

图 5-7　偏心受压柱的卧位试验

1—试件；2—铰支座；3—加载器；4—传感器；5—荷载支撑架；6—应变计；7—挠度计

如果试验数据要求测得柱与压杆纵向弯曲系数时，构件两端均应采用比较灵活的可动铰支座形式。一般可采用构造简单、效果较好的刀口支座。对于试验在两个方向有可能产生屈曲时，应采用双刀口铰支座。

中心受压柱安装时一般先将构件进行几何对中，即将构件轴线对准作用力的中心线。构件在几何对中后再进行物理对中，即加载达 20%～40% 的试验荷载时，测量构件中央截面两侧或四个面的应变，并调整作用力的轴线，使其达到各点应变均匀为止。在构件物理对中后即可进行加载试验。对于偏压试件，也应在物理对中后，沿加力中线量出偏心距离，再把加载点移至偏心距的位置上，进行试验。钢筋混凝土结构由于材质的不均匀性，物理对中一般比较难以满足，实际试验中仅需保证几何对中即可。

对于要求模拟实际工程中柱子的计算图式及受载情况时，则试件安装和试验加载的装置将更为复杂，如图 5-8 所示为跨度 36m、柱距 12m、柱顶标高 27m，具有双层桥式吊车重型厂房斜腹杆双肢柱的 1/3 模拟试验柱的卧位试验装置。柱的顶端为自由端，柱底端用两组垂直螺杆与静力试验台座固定，以模拟实际柱底固结的边界条件。上下层用吊车轮压产生的作用力 P_1、P_2 作用于牛腿，通过大型液压加载器（1000～2000kN 的油压千斤顶）和水平荷载支承架进行加载。在柱端用液压加载器及竖向荷载支承架对柱子施加侧向力。在正式试验前先施加一定数量的侧向力，用以平衡和抵消试件卧位后的装置和加载设备重量产生的影响。

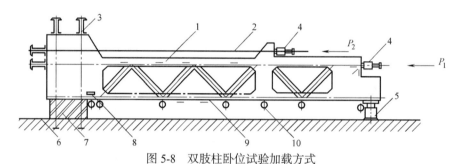

图 5-8　双肢柱卧位试验加载方式

1—试件；2—水平荷载支承架；3—竖向支承架；4—水平加载器；5—垂直加载器；
6—试验台座；7—垫块；8—倾角仪；9—电阻应变计；10—挠度计

2. 试验项目和测点布置

受压构件的试验，一般需要观测其破坏荷载、各级荷载下的侧向挠度值及变形曲线、控制截面或区域的应力变化规律以及裂缝开展情况。如图 5-9 所示，为偏心受压短柱试验时的测点布置。

试件的挠度是由布置在受拉边的百分表或挠度计进行量测，与受弯构件相似，除了量测中点最大的挠度值外，可用侧向五点布置法量测挠度曲线。对于正位试验的长柱，它的侧向变位可用经纬仪观测。

受压区边缘布置应变测点，可以单排布点于试件侧面的对称轴线上或在受压区截面的边缘两排对称布点。为验证构件平截面变形的性质，沿压杆截面高度布置 5～7 个应变测点。受拉区钢筋应变同样可以用电阻应变计进行量测。

对于双肢柱试验，除测量肢体各截面的应变外，尚需测量腹杆的应变，以确定各杆件的受力情况。其中应变测点在各截面上均应成对布置，以便分析各截面上可能产生的弯矩。

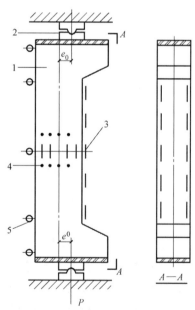

图 5-9　偏压短柱试验测点布置

1—试件；2—铰支座；3—应变计；
4—应变仪测点；5—挠度计

5.4 静载试验量测数据的整理和分析

以碳纤维布加固混凝土梁抗弯性能试验为例，说明试验量测数据的整理和分析内容，试验梁选用矩形截面，截面尺寸为：100mm×200mm，梁长 2m，净跨 1.8m，试验通过挠度、应变、裂缝的测量，测试碳纤维布加固混凝土梁的抗弯性能。

试验的原始资料包括：① 试验对象的考察与检查；② 材料的力学性能试验结果；③ 试验计划与方案及实施过程中的一切变动情况记录；④ 测读数据记录及裂缝图；⑤ 描述试验异常情况的记录；⑥ 破坏形态的说明及图例照片等。

试验原始资料包含着丰富的结构工作信息，但这些原始数据往往不能直接说明试验的结果或解答试验所提出的问题，需要将原始数据经过整理换算、分析及归纳后，才能得到能反映结构性能的数据、公式、图表等，才能找出结构的工作规律，才能对结构工作性能进行评定，这样的过程就是数据处理与分析。试验结果表达方式有以下两种。

1. 表格方式

表格是最基本的数据表达方法，表格分为汇总表格和关系表格两大类。汇总表格把试验结果中的主要内容或某些数据汇集于一表中，起摘要和结论的作用，行与行、列与列之间没有必然的联系，如试验的汇总表 5-1。关系表格是把相互有关系的数据按照一定的格式列于表中，表中行与行、列与列之间存在着一定的关系，作用是使有一定关系的若干变量的数据更加清楚地表示出变量之间的关系与规律。表格的形式不拘一格，重点在于完整、清楚地显示数据内容。

试验结果汇总表 表 5-1

试件编号	混凝土强度等级	开裂荷载（kN）	极限荷载（kN）	跨中钢筋应变（$\mu\varepsilon$）	纤维最大应变（$\mu\varepsilon$）	混凝土压应变（$\mu\varepsilon$）
1	C35	10.79	74.63	11020	13255	−3215
2	C35	10.64	70.93	9857	11424	−2975
3	C35	10.57	78.19	8606	14668	−3267
4	C30	9.30	60.36	9027	13077	−2850
5	C30	7.78	58.46	10544	14988	−2935
6	C30	7.86	59.23	8912	13698	−3156
......						

2. 图形方式

表格的表达性不强，试验数据常用图形方式进行表达，结构试验中较常用的有曲线图、直方图、散点分布图和形态图等。

1）曲线图

对于定性分析和整体分析来说，曲线图是最合适的表达方法，它可以直观表达数据的最大值、最小值、数据走势和转折等。试验中常用的曲线图包括：荷载 - 变形曲线、荷载 - 应力曲线、荷载 - 应变曲线和截面应变分布曲线等。本例试验中试件荷载 - 应变曲线，如图 5-10 所示。

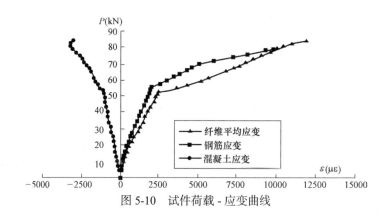

图 5-10 试件荷载 - 应变曲线

2）形态图

试验过程中，在构件上绘制裂缝的开展过程并标注上出现裂缝的荷载值，直到破坏，待试验结束后用相机或坐标纸按比例描绘记录。混凝土结构裂缝情况、钢结构屈曲失稳状态、结构变形及破坏状态常采用形态图进行表达。

5.5　结构性能的评定

根据试验研究的任务和目的不同，试验结果的分析和评定方式也有所不同。为了探索结构内在的某种规律或者检验某一计算理论的准确性或适用性，需对试验结果进行综合分析，找出各变量之间的相互关系，并与理论计算对比，总结出数据、图形或数学表达式作为试验研究的结论。为了检验某种结构构件的某项性能，应根据试验结果和国家现行标准规范的要求对某项结构做出评定。

作为结构性能检验的预制构件主要是混凝土构件，被检验的构件必须从外观检查合格的产品中选取。其抽样频率为：生产期限不超过 3 个月的构件抽样率为 1/1000；若抽样构件的结构性能检验连续十批均合格，则抽样率可改为 1/2000。该抽样率适用于正规预制构件厂。

结构性能检验的方法有两种：一是以结构设计规范规定的允许值做检验依据，另一种是以构件实际的设计值为依据进行检验。预制构件结构性能检验的项目和检验要求列于表 5-2。

结构性能检验要求　　　　　　　　　　　　　　　　　　　　　　表 5-2

预制构件类型及要求	检验项目与要求			
	承载力	挠度	抗裂	裂缝宽度
钢筋混凝土构件及允许出现裂缝的预应力构件，预应力混凝土构件中非预应力杆件	检	检	检	检
不允许出现裂缝的预应力构件	检	检	检	不检
设计成熟、数量较少的大型构件，并有制作质量控制措施的构件	不检	检	检	检
当采用加强材料和制作质量控制措施的具有可靠实践经验的现场预制大型构件	可免检			

5.5.1 结构的承载力检验

为了检验结构构件是否满足承载力极限状态，对做承载力检验的构件应进行破坏性试验，以判定达到极限状态标志时的承载力试验荷载值。

1. 按允许值进行检验

按《混凝土结构设计规范》GB 50010—2010（2015 年版）规定进行检验时，应满足下式要求：

$$\gamma_u^0 \geqslant \gamma_0 [\gamma_u] \quad 或 \quad S_u^0 \geqslant \gamma_0 [\gamma_u] S \tag{5-1}$$

式中　γ_u^0——构件的承载力检验系数实测值，即承载力检验荷载实测值与承载力检验荷载设计值（均含自重）的比值，也可表示承载力荷载效应实测值 S_u^0 与承载力检验荷载效应设计值 S（均含自重）之比值；

　　γ_0——结构构件的重要性系数，按表 5-3 采用；

　　$[\gamma_u]$——构件的承载力检验系数允许值，与构件受力状态有关，按表 5-4 采用。

结构重要性系数　　　　　　　　　　　　　　表 5-3

结构安全等级	γ_0
一级	1.1
二级	1.0
三级	0.9

承载力检验系数允许值　　　　　　　　　　　表 5-4

受力情况	轴心受拉、偏心受拉、受弯、大偏心受压				轴心受压、小偏心受压		受弯构件的受剪	
达到承载能力极限状态的检验标志	受拉主筋处的最大裂缝宽度达到 1.5mm 或挠度达到跨度的 1/50		受压区混凝土破坏		受拉主筋拉断	混凝土受压破坏	腹部斜裂缝达到 1.5mm 或斜裂缝末端受压混凝土剪压破坏	沿斜截面混凝土斜压破坏，受拉主筋在端部滑脱，或其他锚固破坏
	热轧钢筋	钢丝、钢绞线、热处理钢筋	热轧钢筋	钢丝、钢绞线、热处理钢筋				
$[\gamma_u]$	1.2	1.35	1.30	1.45	1.50	1.50	1.40	1.55

2. 对承载力进行检验

当对按构件实配钢筋的承载力进行检验时，应满足下式要求：

$$\gamma_u^0 \geqslant \gamma_0 \eta [\gamma_u] \quad 或 \quad S_u^0 \geqslant \gamma_0 \eta [\gamma_u] S \tag{5-2}$$

式中　η——构件承载力检验修正系数，依据《混凝土结构设计规范》GB 50010—2010（2015 年版）按实配钢筋承载力计算确定。

3. 承载力极限标志

结构承载力的检验荷载实测值是根据各类结构达到各自承载力检验标志时求出的。结构构件达到或超过承载力极限状态的标志，主要取决于结构受力情况和结构构件本身的特性。

1）轴心受拉、偏心受拉、受弯、大偏心受压构件当采用有明显屈服台阶的热轧钢筋时，处于正常配筋的混凝土构件的极限标志通常是受拉主筋首先达到屈服，进而受拉主筋处的裂缝宽度达到 1.5mm，或挠度达到 1/50 的跨度。对于超筋受弯构件，受压区混凝土破坏比受拉钢筋屈服早。此时，最大裂缝宽度小于 1.5mm，挠度也小于 1/50 跨度，因此受压区混凝土压坏，即成为构件破坏的标志。在少筋受弯构件中，可能出现混凝土一开裂，钢筋即被拉断的情况，此时受拉主筋被拉断是构件破坏的标志。

当采用无屈服台阶的钢筋、钢丝及钢绞线配筋的构件时，受拉主筋拉断或构件挠度达到跨度的 1/50 是主要的极限标志。

2）轴心受压或小偏心受压构件

这类构件主要是指柱类构件。当外加荷载达到最大值时，此类构件的混凝土将被压坏或被劈裂，因此混凝土受压破坏是承载力的极限标志。

3）受弯构件的受剪和偏心受压及偏心受拉构件的受剪

这类构件极限标志是腹筋达到屈服或斜向裂缝宽度达到 1.5mm 或 1.5mm 以上，沿斜截面混凝土斜压或斜拉破坏。

4）粘结锚固破坏

对于采用热处理钢筋、直径为 5mm 及以上没有附加锚固措施的碳素钢丝、钢绞线及冷拔低碳钢丝配筋的先张法预应力混凝土结构，在构件的端部钢筋与混凝土可能产生滑移。当滑移量超过 0.2mm 时，即认为已超过了承载力极限状态，亦即钢筋和混凝土的粘结发生破坏。

5.5.2   构件的挠度检验

1）当按《混凝土结构设计规范》GB 50010—2010（2015 年版）规定的挠度允许值进行检验时，应满足下式要求：

$$a_s^0 \leqslant [a_s] \tag{5-3}$$

$$a_s^0 = \frac{M_k}{M_q(\theta - 1) + M_k}[a_f] \tag{5-4}$$

式中 a_s^0、$[a_s]$——分别为在正常使用短期检验荷载作用下，构件的短期挠度实测值和短期挠度允许值；

M_k、M_q——分别为按荷载效应标准组合和准永久组合计算的弯矩值；

θ——考虑荷载长期效应组合对挠度增大的影响系数，按现行国家规范有关规定使用；

$[a_f]$——构件的挠度允许值，按《混凝土结构设计规范》GB 50010—2010（2015 年版）确定。

2）当按实配钢筋确定的构件挠度值进行检验或仅作刚度、抗裂或裂缝宽度检验的构件，应满足下式要求：

$$a_s^0 \leqslant 1.2a_s^c; \quad a_s^0 \leqslant [a_s] \tag{5-5}$$

式中 a_s^0——在正常使用的短期检验荷载作用下，按实配钢筋确定的构件短期挠度计算值，按《混凝土结构设计规范》GB 50010—2010（2015 年版）确定。

5.5.3 构件的抗裂检验

在正常使用阶段不允许出现裂缝的构件，应进行抗裂性检验。构件的抗裂性检验应符合下式要求：

$$\gamma_{cr}^0 \geqslant [\gamma_{cr}]$$

$$[\gamma_{cr}] = 0.95 \frac{\gamma f_{tk} + \sigma_{pc}}{\sigma_{ck}} \qquad (5\text{-}6)$$

式中 γ_{cr}^0——构件抗裂检验系数实测值，即构件的开裂荷载实测值与正常使用短期检验荷载值之比；

$[\gamma_{cr}]$——构件的抗裂检验系数允许值；

γ——受压区混凝土塑性影响系数，按《混凝土结构设计规范》GB 50010—2010（2015年版）确定；

σ_{pc}——由预压力产生的构件抗拉边缘的混凝土法向应力值；

σ_{ck}——由荷载标准值产生的构件抗拉边缘混凝土法向应力值；

f_{tk}——混凝土抗拉强度标准值。

5.5.4 构件裂缝宽度检验

对正常使用阶段允许出现裂缝的构件，应限制裂缝宽度。构件的裂缝宽度应满足下式要求：

$$\omega_{s,\,max}^0 \leqslant [\omega_{max}] \qquad (5\text{-}7)$$

式中 $\omega_{s,\,max}^0$——正常使用短期检验荷载作用下受拉主筋处最大裂缝宽度的实测值；

$[\omega_{max}]$——构件检验的最大裂缝宽度允许值，按表5-5选用。

裂缝宽度允许值　　　　　　　　　　　　　　　　　　　表5-5

设计要求的最大裂缝宽度限值（mm）	0.2	0.3	0.4
$[\omega_{max}]$（mm）	0.15	0.2	0.25

5.5.5 构件结构性能评定

根据结构性能检验的要求，被检验构件应按表5-6所列项目和标准进行性能检验，并按下列规定进行评定。

复式抽样再检的条件　　　　　　　　　　　　　　　　　　表5-6

检测项目	标准要求	二次抽样检验指标	相对放宽
承载力	$\gamma_0[\gamma_0]$	$0.95\gamma_0[\gamma_0]$	5%
挠度	$[a_r]$	$1.10[a_r]$	10%
抗裂	$[\gamma_{cr}]$	$0.95[\gamma_{cr}]$	5%
裂缝宽度	$[\omega_{max}]$	—	0

1）当结构性能检验的全部检验结果均符合规定的标准要求时，该批构件的结构性能应评为合格。

2）当第一次构件的检验结果不能全部符合表5-6的标准要求，但又能符合第二次检验要求时，可再抽两个试件进行检验。第二次检验时，对承载力和抗裂检验要求降低5%，对挠度检验提高10%，对裂缝宽度不允许再做第二次抽样。因为原规定已较松，且可能的放松值就在观察误差范围之内。

3）对第二次抽取的第一个试件进行检验时，若都能满足标准要求，则可直接评为合格。若不能满足标准要求，但又能满足第二次检验指标时，则应继续对第二次抽取的另一个试件进行检验，检验结果只要满足第二次检验的要求，该批构件的结构性能仍可评为合格。

应该指出，对每一个试件均应完整地取得三项检验指标。只有三项指标均合格时，该批构件的性能才能评为合格。在任何情况下，只要出现低于第二次抽样检验指标的情况，即当判为不合格。

5.6　结构静力试验实例

钢筋混凝土梁裂缝宽度和挠度试验研究。

1. 试验目的

通过荷载试验，对钢筋混凝土梁的裂缝宽度和挠度进行研究。

2. 试件的设计与制作

试验梁设计为矩形截面简支梁，梁长为2000mm，梁高为300mm，梁宽为150mm。试验梁的配筋及断面如图5-11所示。试验梁钢筋为热轧带肋HRB400级钢筋，纵向受力钢筋直径为12mm，箍筋和架立筋均采用HPB300级钢筋，直径为8mm，钢筋的力学性能如表5-7所示。混凝土的强度等级为C30，采用商品混凝土。

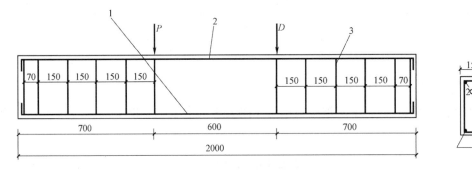

图 5-11　试验梁的配筋和断面图

1—梁底收拉钢筋；2—梁顶构造钢筋；3—箍筋（纯弯段不配箍筋）

试验梁钢筋实测力学性能指标				表 5-7
材料名称	直径（mm）	屈服强度（MPa）	极限强度（MPa）	延伸率（%）
钢筋	12	448.3	614	30.7

3. 试验加载

采用三分点对称加载方式,中间形成纯弯段。梁支座端各留出100mm,加载点与支座处均垫有宽100mm、高10mm的钢板,以防止发生局部压坏,加载方式如图5-12所示。试验梁采用500kN的液压千斤顶进行加载,千斤顶产生的荷载通过简支梁分配成对称的两点作用于试验梁上。为了准确测量荷载,在千斤顶上部安放压力传感器,传感器与数据采集仪相连用以记录荷载。

4. 试验量测内容

1) 挠度

百分表分别布置在跨中、支座截面和加载点处,用来量测梁的挠度。百分表的布置如图5-13所示。

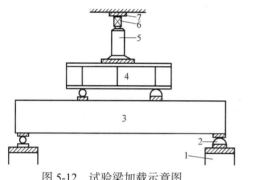

图5-12 试验梁加载示意图

1—支座;2—垫棍;3—试验梁;
4—分配梁;5—千斤顶;6—传感器;7—垫板

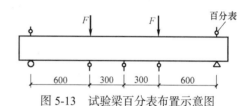

图5-13 试验梁百分表布置示意图

2) 裂缝宽度

观测裂缝的产生和发展,以及裂缝的高度和宽度随外荷载的发展变化情况。借助放大镜用肉眼查找裂缝,发现裂缝后在裂缝出现部位的一侧做出标记,并记录相应的荷载,裂缝宽度用40倍的测宽仪进行测量。

5. 主要试验成果

1) 裂缝宽度

试验梁在荷载加至 $0.28P_u$(极限荷载)时,在加载点以及跨中附近出现裂缝。继续加载,在荷载达到 $0.53P_u$ 之前,试验梁新裂缝出现较为迅速,而且裂缝高度延伸较快,达到梁高一半以上位置。荷载加至 $0.65P_u$ 时,纯弯段以外开始出现腹剪裂缝,裂缝一出现就延伸至梁高一半左右的高度,而正裂缝延伸很缓慢,裂缝宽度也是逐步增长。当荷载加至 $0.77P_u$ 时,裂缝高度超过200mm,最大裂缝宽度接近0.2mm。荷载继续增加,裂缝宽度缓慢增加。当接近破坏荷载时,在原有主裂缝的周围出现很多小裂缝,裂缝发展呈树状,裂缝宽度和挠度迅速增加,混凝土上部局部有压酥现象,之后荷载上升缓慢,裂缝宽度和挠度急增,试验梁上部混凝土短时间内被压坏,荷载下降。

同一裂缝不同位置处裂缝宽度有粗有细。在钢筋位置附近,裂缝宽度较小;在钢筋以上位置,裂缝宽度随着距钢筋距离的增大而加大;在钢筋以上位置,裂缝宽度也有变大的迹象,甚至超过梁底部的裂缝宽度。从开始加载到构件破坏,裂缝宽度随荷载的变化,如

图 5-14 所示，裂缝分布如图 5-15 所示。

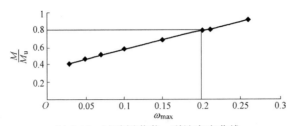

图 5-14　试验梁荷载 - 裂缝宽度曲线

注：构件裂缝宽度达到 0.2mm 时对应正常使用试验荷载

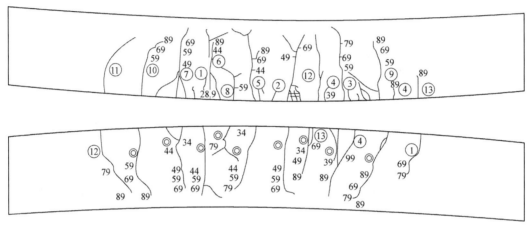

图 5-15　试验梁裂缝分布图

2）构件的荷载 - 挠度曲线大体可分为三个阶段

第一阶段：开始加载时，因为弯矩尚小，截面尚未开裂，荷载 - 挠度曲线近似为直线。但在临近开裂荷载时，构件亦表现了一定的塑性，尽管截面尚未开裂，但从挠度曲线看，挠度有增长较快趋势，这说明构件处于即将开裂状态。第二阶段：荷载继续增加，在构件纯弯段内出现一条或多条垂直裂缝。构件挠度突变，M-f 曲线发生明显的转折，出现第一个转折点，随即便稳定。其增长速度较前一阶段快，这一阶段，变形较为稳定。第三阶段：当弯矩达到一定值时，钢筋屈服，表现出塑性变形特征，截面刚度急剧降低，变形迅速增大。构件的 M-f 曲线见图 5-16（A 点对应正常使用极限状态）。

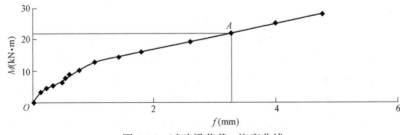

图 5-16　试验梁荷载 - 挠度曲线

5.7 结构动力试验

5.7.1 概述

建筑结构在使用过程中，除了承受静荷载作用外，还常常承受各种动荷载的作用，如风荷载、地震作用、动力设备对工业建筑的作用、冲击及爆炸荷载等。动荷载除了增大结构受力外，还会引起结构的振动，甚至会引起结构发生疲劳、共振破坏。为了确定动荷载的特性、结构的动力特性、结构的动力反应以及结构的疲劳特性等，常常需要进行结构动力试验。动力与静力试验明显的区别在于荷载随时间连续变化、结构反应与自身动力特性相关。

5.7.2 结构动荷载特性试验

在对建筑结构进行动力分析、隔振设计或动力响应分析时，需要掌握动荷载的特性。动荷载的特性包括作用力、方向、频率和阻尼等参数。

在研究风荷载、地震作用、工业建筑内的动力设备响应时，需要确定根源的大小和作用规律，这些振源虽然可以根据统计值进行动力荷载特性计算，但有时实际动力特性与统计值有较大的差距，用计算方法往往不能获得振源的实际动力特性，因此，需要借助试验的方法进行确定。

对于动荷载特性的测定，可以采用直接测定法、间接测定法和比较测定法等。

1. 直接测定法

直接测定法是指在测量对象上直接安装传感器，通过传感器的反应来测定动荷载的各项参数。这种方法简单可靠，并且随着现代量测技术的不断发展，各种传感器性能的逐步完善和提高，使其应用范围也越来越广。

2. 间接测定法

间接测定法是把要测定动力的设备安装在有足够弹性变形的专用结构上，例如带刚性支座的钢梁。弹性梁的刚度和跨度必须避免与设备发生共振，以保证所测结果的准确度。

3. 比较测定法

当振源是可以开启、停止时，可以采用比较测定法。先开动振源，记录结构的振动情况，再开动激振器逐渐调节其频率和作用力的大小，使结构产生同样振动。由于激振器的作用力和频率已知，这样可求得振源的特性。

5.7.3 结构动力特性试验

结构动力特性是结构本身固有的动态参数，包括固有频率、振型和阻尼系数等，它们取决于结构的组成形式、刚度、质量分布、材料形式等，与外荷载无关。结构的动力特性是进行结构抗震计算、解决结构共振问题的基本依据。常用的结构动力特性试验方法有自由振动法、共振法和脉冲法等。

1. 自由振动法

自由振动法是使结构产生初位移或初速度，然后释放使其产生自由振动，通过记录仪获得有衰减的自由振动曲线（图 5-17），由此可以利用动力学知识求出结构的基本频率和阻尼系数。

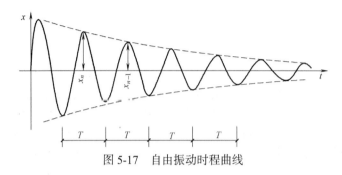

图 5-17　自由振动时程曲线

如果时程曲线上在 t 时间内包含若干个完整波形时，频率为：

$$f = \frac{1}{H} (\text{Hz}) \qquad (5\text{-}8)$$

由动力学可知，结构自由振动时，n 时刻的振幅：

$$x_n = Ae^{-\zeta\omega t_n} \qquad (5\text{-}9)$$

式中　x_n——n 时刻的振动位移；

　$Ae^{-\zeta\omega t_n}$——振幅；

　　ζ——阻尼比；

　　ω——被测振动的圆频率。

$n+1$ 时刻的振幅：

$$x_{n+1} = Ae^{-\zeta\omega t_{n+1}} \qquad (5\text{-}10)$$

则有：

$$\frac{x_n}{x_{n+1}} = \frac{Ae^{-\zeta\omega t_n}}{Ae^{-\zeta\omega t_{n+1}}} = e^{-\zeta\omega\,(t_n - t_{n+1})} = e^{\zeta\omega T} \qquad (5\text{-}11)$$

$$\ln\frac{x_n}{x_{n+1}} = \ln e^{\zeta\omega T} = \zeta\omega T = \zeta\omega\frac{2\pi}{\omega'} \approx 2\pi\zeta$$

阻尼比：

$$\zeta = \frac{1}{2\pi}\ln\frac{x_n}{x_{n+1}} \qquad (5\text{-}12)$$

阻尼系数：

$$c = 2m\omega\zeta \qquad (5\text{-}13)$$

为了提高计算的精度，实际阻尼比计算时取 k 个周期的衰减进行计算：

$$\zeta = \frac{1}{2\pi k}\ln\frac{x_n}{x_{n+k}} \qquad (5\text{-}14)$$

对于实际测试曲线无零线的情形：

$$\zeta = 2 \times \frac{1}{2\pi k}\ln\frac{x_n}{x_{n+k}} = \frac{1}{\pi k}\ln\frac{x_n}{x_{n+k}} \qquad (5\text{-}15)$$

结构产生自由振动的办法较多，通常可采用突加荷载法和突然卸载法。突加荷载法也称初速度加载法，原理是利用锤击或落重物的方法使结构在瞬间受到冲击，产生一个初速度，使结构产生振动。突然卸载法也称初位移加载法，如图 5-18（a）所示在结构上拉一钢丝绳，使结构产生人为的初始位移，然后突然释放，使结构在静力平衡位置附近作自由振动。对于结构小模型可采用图 5-18（b）的方法，通过悬挂的重物对模型施加水平拉力，剪断钢丝绳产生突然卸荷，使结构产生振动。这种方法的好处在于结构自振时荷载已不存在，重物本身对结构不会产生附加影响。利用自由振动法一般只能获得结构的基本频率及其阻尼。

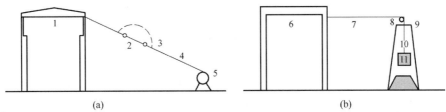

图 5-18 用张拉突卸法对结构施加冲击力荷载

1—结构物；2—钢拉杆；3—保护索；4—钢丝绳；5—绞车；6—模型；
7—钢丝；8—滑轮；9—支架；10—重物；11—减振垫层

2. 共振法

共振法采用能够产生稳态简谐振动的起振机或激振器作为振源，使结构产生强迫简谐振动，借助对结构受迫振动的测定，求得结构动力特性的基本参数。

试验时，把激振器安装在结构的适当位置，加大激振器输出力量，可以迫使结构产生周期性强迫振动。当干扰力的频率与结构本身自振频率相等时，结构就会出现共振。因此，通过改变激振器的频率，可促使结构产生共振反应，记录共振时共振曲线和振型曲线（图 5-19），通过曲线分析，可以获得结构的自振频率和振型阻尼比。

对于多层工程结构，其自振频率不是一个而有多个。对于一般的动力问题，确定其最低的基本频率 ω_1 是最重要的。若需要确定结构的第二阶频率、第三阶频率，可连续改变激振器的频率，迫使结构发生多次共振，从而得到结构相应的各阶频率。一般的激振器难以获得三阶以上的频率。

图 5-20 为对建筑物进行频率扫描试验时所得到的时间历程曲线。在共振频率附近逐渐调节激振器的频率，同时记录结构的振幅，就可做出频率 - 振幅关系曲线（共振曲线）。曲线上峰值所对应的频率值即为结构的自振频率。

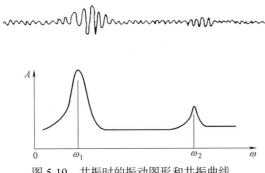

图 5-19 共振时的振动图形和共振曲线

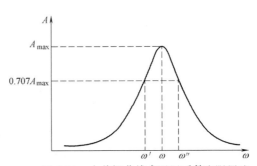

图 5-20 由共振曲线求阻尼系数和阻尼比

从共振曲线上可以得到结构的阻尼系数，在图 5-20 中，在纵坐标最大值 $0.707A_{max}$ 处画出一条水平线与共振曲线相交，交点对应的频率为 ω'、ω''，则可求得该阶频率阻尼比为：

$$\zeta = \frac{\omega' - \omega''}{2\omega} \qquad （5-16）$$

用共振法也可以测定结构的振型。所谓振型，是指结构在某一频率下作振动时形成的弹性曲线。对应基频、第二频率、第三频率分别称为第一振型、第二振型、第三振型等。将若干个测振传感器沿结构的高度或跨度方向连续布置（至少 5 个），当结构自由振动或共振时，同时记录下结构各部位的振动情况，通过比较各点的振幅和相位，并将各测点同一时刻的位移值连接成一条曲线，即可绘出该频率的振型图。图 5-21 为共振法测量某建筑结构振型的具体情况。

绘制振型曲线时，要规定位移的正负值。在图 5-21 上规定，顶层的测振传感器（拾振器）1 的位置为正，与它相位相同的均为正，反之为负。将各点的振幅按一定的比例和正负值画在图上形成振型曲线。

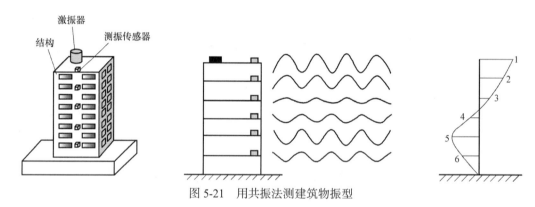

图 5-21　用共振法测建筑物振型

3. 脉动法

建筑物由于受外界干扰而处于微小而不规则的振动中，通过测量建筑物的脉动反应波形来确定建筑物的动力特性，俗称脉动试验。当采用高灵敏度的传感器、借助放大记录设备、由数据采集仪采集时，可以清楚地观测和记录这种振动信号。由于环境引起的振动是随机的，因而又把这种方法称为环境随机激励法。

利用环境激励量测建筑物的响应，分析确定建筑结构的动力特性是一种简便而有效的测量方法。这种方法的优点是：测量中可以不用任何激振设备，对建筑物没有任何损伤，不影响建筑物的正常使用，在自然环境条件下，即可测量建筑结构的响应，经过数据分析确定其动力特性。该方法适用于测量整体结构的动力特性，是目前现场动力特性测试中广泛应用的一种方法。

5.7.4　结构动力反应试验

在实际工程中，经常需要对动荷载作用下结构产生的动力反应进行测定，包括测定结构在实际工作时的动力参数（振幅、频率、速度、加速度）、动应变、动位移等。与动荷载特性试验和结构动力特性试验不同之处在于：动荷载特性试验测定的对象是产生动荷载的振源；结构动力特性试验测定的是结构自身的动力特性；结构动力反应试验测试的是动荷载和结构相互作用下结构产生的响应。例如工业厂房在动力机械作用下的振动、汽车荷载作用下桥梁的振动、风荷载作用下高耸结构的风振、冲击及爆炸荷载作用下结构的反应等，这些都与动荷载和结构动力特性有关。测定结构在动荷载作用下的动力效应，是确定结构是否安全的重要依据。

1. 动应变测量

测量结构在动力荷载作用下的动应变，确定动荷载在结构中引起的动应力，从而对结构强度验算。一般采用动态电阻应变仪配合高速记录仪（磁带记录仪或计算机）测试记录动态应变。采用的电桥及应变计与静态试验基本相同，测量时需要注意的基本要求有：① 选用疲劳寿命长的应变片；② 选用小标距应变片用以进行高频测量；③ 连接应变片的导线捆扎成束，消除电容；④ 仪器的工作频率范围大于被测动应变信号频率；⑤ 若测试时间较长，试验前后要对仪器进行标定。

2. 动位移测量

在结构控制断面或在有特殊生产工艺要求的位置布置位移测点时，测点的布置原则与静挠度测量相同，测量动挠度的传感器可以选用电阻应变式传感器，采用动态应变仪进行测量和记录。电阻应变式传感器的数据处理与应变转换和动应力测量相同。

3. 动力系数测量

承受移动荷载的结构，如桥梁、吊车梁等，试验检测时常常需要确定其动力系数，以判定结构的工作情况。移动荷载作用于结构上所产生的动挠度，往往比静荷载时产生的挠度大。动挠度和静挠度的比值称为动力系数。

结构动力系数一般用试验方法实测确定。为了求得动力系数，先使移动荷载以最慢的速度驶过结构，测得挠度图如图 5-22（a）所示，然后使移动荷载按某种速度驶过，这时结构产生最大挠度 y_d 如图 5-22（b）所示。利用最大静挠度 y_j 和最大动挠度 y_d，即可求得动力系数：

$$1 + \mu = \frac{y_d}{y_j} \tag{5-17}$$

上述方法只适用于一些有轨的动荷载，对无轨的动荷载（如汽车）不可能使两次行驶的路线完全相同。这时可以采取一次高速行驶测试，记录图形如图 5-22（c）所示。取曲线最大值为 y_d，同时在曲线上绘出中线，相应于 y_d 处中线的纵坐标即为 y_j，按上式即可求得动力系数。

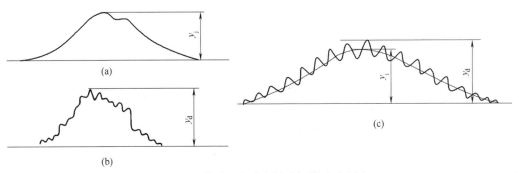

图 5-22　塔科马海峡大桥风毁前后对比图

5.8　风洞试验

风洞试验是指通过在风洞中安置飞行器或其他物体模型，研究气体流动及其与模型的相互作用，以了解实际飞行器或其他物体的空气动力学特性的一种空气动力试验方法。过去，建筑物和桥梁的设计可以忽略风荷载的影响，随着经济的发展，建（构）筑物越建越高，桥梁的跨度也越来越大，设计时无法忽视风荷载对高层建（构）筑物和大跨度桥梁产生的作用，因此现在也开始对各种建（构）筑物进行风洞试验以取得建（构）筑物在风荷载下的反应。

5.8.1　试验思路与原理

在建筑结构的抗风研究中，主要研究任务是通过各种方法（如风洞试验、原型实测、数值模拟）从外形迥异的建筑形式中归纳出结构表面风压分布的规律，并对风振进一步分析，从而得到等效静风荷载。目前对复杂体型建筑物结构表面风荷载的确定方法主要有：原型实测、风洞试验和 CFD 数值模拟方法。

风洞试验是依据运动的相似性原理，将被试验对象（飞机、大型建筑、结构等）等效静风荷载制作成模型或直接放置于风洞管道内，通过驱动装置使风道产生人工可控制的气流，模拟试验对象在气流作用下的形态，进而获得相关参数，以确定试验对象的稳定性、安全性等性能。

5.8.2　试验模型

风洞试验模型制作有特殊要求，主要有刚性压力模型、气动弹性模型和刚性高频力平衡模型。

1. 刚性压力模型

此模型最常用，建筑模型的比例通常为 1∶300～1∶500，一般采用有机玻璃材料，建筑模型本身、周围建筑物模型及地形都应与实物相似，与风洞流动有明显关系的特征如建筑外形，突出部分都应在模型中正确模拟。模型上布置大量直径为 1.5mm 的测压孔，在孔内安装压力传感器，试验时可量测各部分表面上的局部压力，传感器输出电信号，通过采集数据仪器自动扫描记录并转换为数字信号，再由计算机处理数据，从而得到结构的平均压力和波动压力的量测值。这种模型在风洞试验中应用最多，通过量测建筑物表面的风压力（吸力），以确定建筑物的风荷载，用于结构和围护构件的设计。对于刚性屋盖结构，可采用刚性模型风洞试验测量屋面的风压分布和体形系数，如北京西客站、深圳机场航站楼、浙江黄龙体育中心等。

2. 气动弹性模型

此模型可更精确地考虑结构的柔度和自振频率、阻尼的影响，在建模过程中，不仅要求模拟几何，而且要求模拟建筑物的惯性矩、刚度和阻尼特性。对于高宽比大于 5 且需要考虑舒适度的高柔建筑，采用气动弹性模型更为合适，但这类模型的设计和制作比较复杂，风洞试验时间也长，有时采用刚性高频力平衡模型代替。代表性结构是上海"东方明珠"广播电视塔，通过全塔气动弹性模型风洞试验，得到了该电视塔塔体的振动加速度、结构风振系数及塔体振动位移等结果。

3. 刚性高频力平衡模型

此模型是将一个轻质材料的模型固定在高频反应的力平衡系统上，也可得到风产生的动力效应，但是它需要有能模拟结构刚度的基座杆及高频力平衡系统。代表性结构是广州海塔，其结构复杂、细柔、阻尼低，对风荷载的静力和动力作用都很敏感，故分成 19 个节段，并对节段模型进行高频动态测力天平试验，获得作用在塔身上的非定常气动力，再将其作用在结构有限元模型上进行风振计算。

5.8.3　试验内容

对于超过我国《建筑结构荷载规范》GB 50009—2012 规定风荷载的建（构）筑物和结构，通常需要采用风洞试验（低速风洞）的方法来确定其风荷载和风效应，主要包括 3 个方面的内容。

1. 大气边界层模拟

大气边界层模拟包括风剖面、湍流结构、风场特性、周边建（构）筑物的干扰作用等。

2. 建筑模型表面压力测试

设计高层建（构）筑物和大跨屋盖时，采用刚性模型测压试验，目的是测量刚性模型表面各测点的局部风压，然后对压力时程数据进行统计分析，得到平均压力系数、脉动压力系数、最大压力系数、最小压力系数，再通过统计转换为结构荷载，表现为结构表面的平均风压等高线。

3. 风环境试验分析

风环境试验可以对户外人行高度处的风环境提供可靠评估，也可考察风对温度、太阳辐射、湿度等关系到人舒适性的因素的影响，还可以用于指导雪荷载的分布，进而指导结构设计中的雪荷载取值。

对建（构）筑物模型进行风载荷试验从根本上改变了传统的设计方法和规范。对于大型建（构）筑物如大桥、电视塔、大型水坝、高层建筑群、大跨度屋盖等超限建（构）筑物和结构，应按我国《建筑结构荷载规范》GB 50009—2012 建议进行风洞试验。对于大型工厂、矿山群等也可以做成模型，在风洞中进行防止污染扩散的试验。

5.8.4　试验设备

风洞是能够产生和控制不同速度与方向（单向斜向、复杂方向）的气流，模拟建筑物周围气体的流动，并可测量气流对物体的作用，观察有关物理现象的一种管状试验设备。它是进行空气动力试验最常用、最有效的工具。为适应各种不同结构形式的风洞试验，风洞的构造形式和尺寸也各不相同。

风洞主要有开放式和封闭式两种。开放式风洞的一端为气流入口，另一端为气流出口，中间为试验段。封闭式风洞为环形，气流循环使用，中间为试验段。在风洞试验段一定长度和高度内可形成大气边界层，进行高层建筑、高耸结构大缩尺模型（1/300～1/50）的抗风试验。

工程结构中存在着许多疲劳现象，如连系梁、吊车梁、直接承受悬挂式起重机作用的屋架和其他主要承受重复荷载作用的构件等，其特点都是受重复荷载作用。这些结构物或构件在重复荷载作用下达到破坏时的强度比其静力强度要低得多，这种现象称为疲劳。结构疲劳试验的目的就是要了解在重复荷载作用下结构或构件的性能及其变化规律。疲劳问题涉及的范围比较广，对某一种结构而言，它包含材料疲劳和结构构件的疲劳，如钢筋混凝土结构中有钢筋的疲劳、混凝土的疲劳和组成构件的疲劳等。目前疲劳理论研究工作正在不断发展，疲劳试验也因目的和要求的不同而采取不同的方法。

近年来，国内外对结构构件，特别是钢筋混凝土构件疲劳性能的研究比较重视，其原因在于：

（1）普遍采用极限强度进行设计，导致结构构件处于高应力工作状态。

（2）钢筋混凝土构件在各种重复荷载作用下的应用范围不断扩大，如吊车梁、桥梁、轨枕、海洋石油平台、压力机架、压力容器等。

（3）在使用荷载作用下，采用允许受拉开裂设计。

（4）结构构件大部分采用脉冲千斤顶施加重复荷载，使构件处于反复加载和卸载的受力状态。

本章小结

本章系统地介绍了结构静载试验的相关理论和试验方法，内容包括结构静载试验前的准备工作、结构基本构件和扩大构件的静载试验，以及试验量测数据的整理和结构性能的评定等。学习本章后，应熟悉基本构件单调加载静力试验的各个环节，重点掌握试件的安装、加载方法、试验项目和测点布置，以及确定开裂荷载、极限承载力等指标的概念和方法。简要介绍了结构动力特性的测定、结构动力反应的测定方法，讲述了测定结构固有频率、阻尼、振型的基本方法以及动应力、动应变的测量及数据处理分析方法。

思考与练习题

5-1　建筑结构静载试验的目的和意义是什么？

5-2　什么是单调加载静力试验？

5-3　结构静力试验加载分级的目的和作用是什么？

5-4　试说明钢筋混凝土受弯构件试验的主要量测项目和测试方法。

5-5　结构静力试验正式加载试验前，为什么需要对结构进行预加载试验？预加载时应注意什么问题？

5-6　结构的动力特性有哪些？如何测定？

5-7　结构的动力特性试验通常有哪些方法？

5-8　结构动力系数的概念是什么？如何测定？

第6章　建筑结构试验现场检测技术

本章要点及学习目标

本章要点：

本章主要讲述结构现场检测的分类方法及工作程序以及混凝土结构、钢结构现场检测的方法和内容；重点讲述对混凝土结构、砌体结构、钢结构现场检测技术、仪器设备的性能以及检测数据统计分析方法。

学习目标：

了解结构现场检测的分类方法及工作程序，熟悉混凝土结构、砌体结构、钢结构现场检测的方法和内容；掌握混凝土结构、砌体结构、钢结构现场检测技术及检测数据统计分析方法。

6.1　建筑结构现场检测的概念与分类

建筑结构检测是为评定土木工程结构的工程质量或鉴定既有结构的性能等所实施的检测工作。建筑结构现场检测以非破损或半破损检测技术为主，即在不破坏结构或构件的前提下，在结构或构件的原位上检测结构构件材料的力学强度、弹塑性性质、断裂性能、缺陷损伤以及耐久性等参数，其中主要是检测材料强度和内部缺陷损伤两个方面。

建筑结构非破损检测与鉴定的对象为已建工程结构，根据已建结构的性质，可分为新建结构和既有结构。对于新建结构，非破损检测和鉴定的目的包括验证工程质量，处理工程质量事故，评估新结构、新材料和新工艺的应用等。对既有结构进行可靠性鉴定，包括非破损检测技术与鉴定的内容，其目的主要是评估已建结构的安全性和可靠性，为结构的维修改造和加固处理提供依据。

对建筑结构进行非破损检测和可靠性鉴定，需要通过各种手段得到结构相关参数，捕捉反映结构当前状态的特征信息，对结构的作用与抗力关系进行分析，并根据经验给出综合判断。结构非破损检测与鉴定涉及结构理论、概率统计、测试技术、工程材料、工程地质、力学分析等基础理论和专业知识，具有多学科交叉的特点。

结构检测可分为结构工程质量的检测和既有结构性能的检测。检测的对象往往是某一具体结构。因此，首先需要收集和研究结构的原始资料、设计计算书和施工质量状况，最后根据检测目的制定检测方案。检测程序按图6-1进行。

1. 调查

现场和有关资料的调查应包括：收集被检测建筑结构的设计图纸、设计变更及施工记录、施工验收和工程勘察等资料；调查结构缺陷、环境条件、使用期间的加固与维修情况、用途与荷载等变更情况；向有关人员进行调查，进一步明确委托方的检测目的和具体要求。总之，调查阶段包括收集技术资料、调查使用情况、明确检测目的和具体要求。

2. 编制检测方案

针对每一个具体工程应制定出完备的检测计划和检测方案，主要内容包括：工程概况、检测目的、检测依据、检测项目、选用的检测方法及检测的数量、检测人员和仪器设备情况、检测工作进度计划和检测中的安全保护措施等。

3. 现场检测

检测内容根据其属性可分为：几何量检测（几何尺寸、沉降、变形、保护层厚度等）、物理力学性能检测（材料强度、承载能力、结构自振周期等）和化学性能检测（混凝土碳化、钢筋锈蚀等）。

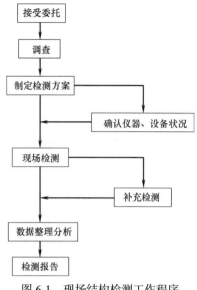

图 6-1　现场结构检测工作程序

4. 数据分析

现场检测工作结束后，获得人工记录或计算机采集的检测数据，将这些原始数据经过整理换算、统计分析及归纳演绎，得到能反映结构性能的数据。

5. 检测报告

结构工程质量检测报告应给出所检测项目是否符合设计文件要求或相应验收规范规定的评定。检测报告结论应准确、用词规范、文字简练、内容齐全。

6.2　混凝土结构现场检测技术

混凝土结构是常见的工程结构，由混凝土和钢筋组成。由于混凝土材料的组成会不同程度的影响混凝土的力学性能，导致其离散性较大。同时，混凝土结构中的钢筋品种、规格、数量及构造不能直观看到，因而混凝土结构的内部缺陷、强度和碳化程度等需要经过一定的测试手段并结合工程经验做出评定。

混凝土结构的检测可分为混凝土强度、混凝土构件外观质量与内部缺陷、尺寸偏差、钢筋位置及锈蚀等内容，必要时可进行结构构件性能的静力或动力测试。

6.2.1　回弹法

混凝土的强度是决定混凝土结构和构件受力性能的主要因素，回弹法测定混凝土强度属于非破损检测方法。1948 年瑞士施米特（E.Schmidt）发明了回弹仪，由于该仪器构造简单、方法简便，在一定的条件下测试值与混凝土强度有较好的相关性，并能较好地反映混凝土的均匀性，该方法在国内外得到了广泛的推广和使用。我国制定了《回弹法检测混凝土抗压强度技术规程》JGJ/T 23—2011。

1. 回弹仪的基本原理

回弹法是根据混凝土的表面硬度与抗压强度存在一定的相关性而发展起来的一种混凝

土强度测试方法。测试时，用具有规定动能的重锤弹击混凝土表面，使初始动能发生重分配，一部分能量被混凝土吸收，剩余的能量则回传给重锤。被混凝土吸收的能量取决于混凝土表面的硬度，混凝土表面硬度低，受弹击后表面塑性变形和残余变形大，被混凝土吸收的能量就多，回传给重锤的能量就少；相反，混凝土表面硬度高，受弹击后塑性变形小，吸收的能量少，回传给重锤的能量多，因而回弹值就高，从而间接地反映了混凝土的抗压强度。图6-2为回弹法的原理示意图。

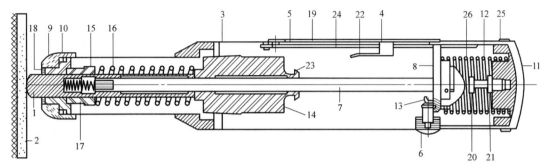

图 6-2　回弹仪构造图

1—冲杆；2—试验构件表面；3—套筒；4—指针；5—刻度尺；6—按钮；7—导杆；8—导向板；
9—螺栓盖帽；10—卡环；11—盖；12—压力弹簧；13—钩子；14—锤；15—弹簧；
16—拉力弹簧；17—轴套；18—毡圈；19—护尺透明片；20—调整螺栓；21—固定螺栓；
22—弹簧片；23—侧套；24—指针导杆；25—固定块；26—弹簧

　　回弹仪检定周期为半年，回弹仪应具有产品合格证及计量检定证书，并应在回弹仪的明显位置上标注名称、型号、制造厂名（或商标）、出厂编号等，并符合现行国家标准的规定。此外，尚应符合下列规定：① 回弹仪水平弹击时，在弹击锤脱钩瞬间，回弹仪的标称能量应为 2.207J；② 在弹击锤与弹击杆碰撞的瞬间，弹击拉簧应处于自由状态，且弹击锤起跳点应位于指针指示刻度尺的"0"处；③ 在洛氏硬度 HRC 为 60±2 的钢砧上，回弹值的率定值应为 80±2；④ 数字式回弹仪应带有指针直读值系统。数字显示的回弹值与指针直读示值相差不应超过 1。

　　2. 回弹法检测混凝土强度的基本步骤

　　1）检测准备

　　在检测前，一般需要了解工程名称、设计、施工和建设单位名称，结构名称、外形尺寸、数量及混凝土设计强度等级，水泥品种、安定性、强度等级，砂石种类，外加剂或掺合料品种，结构或构件所处环境条件及存在的问题。其中以了解水泥的安定性最为重要，若水泥的安定性不合格，则不能采用回弹法检测。一般检测混凝土结构或构件有两类方法，一类为全部检测，另一类是抽样检测。

　　全检主要用于有怀疑的独立结构或构件以及某些有明显质量问题的结构或构件。抽样检测主要用于在相同的生产工艺条件下，强度等级相同、原材料和配合比基本一致且龄期相近的混凝土结构或构件。《回弹法检测混凝土抗压强度技术规程》JGJ/T 23—2011 的4.1.3 条规定：对于混凝土生产工艺、强度等级相同，原材料、配合比、养护条件基本一致且龄期相近的一批同类构件的检测应采用批量检测。按批量检测时，应随机抽取构件，抽检数量不宜少于同批构件总数的 30 且不宜少于 10 件。当检验批构件数量大于 30 个时，抽样构件数量可适当调整，并不得少于国家现行有关标准规定的最少抽样数量。

2）回弹值测定

回弹法测定混凝土强度应遵循我国《回弹法检测混凝土抗压强度技术规程》JGJ/T 23—2011 有关规定。测试时，打开按钮，弹击杆伸出筒身外，然后将弹击杆垂直顶住混凝土测试面使之徐徐压入筒身，这时筒内弹簧和重锤逐渐趋向紧张状态，当重锤碰到挂钩后即自动发射，推动弹杆冲击混凝土表面后出现一个回弹距离，回弹距离在标尺上示出，按下按钮取下仪器，在标尺上读出回弹值，读取两位整数。

3）测区的布置

测试前应布置测区，每一构件测区数目应不少于 10 个，当受检构件数量大于 30 个且不需提供单个构件推定强度或受检构件一个方向尺寸不大于 4.5m，且另一方向尺寸不大于 0.3m 时，每个构件的测区可适当减少，但不应少于 5 个。每个测区面积为 200mm×200mm，每一测区设 16 个回弹点，每个测点的回弹值读数应精确至 1，相邻两点的净距一般不小于 20mm，一个测点只允许回弹一次，最后从测区的 16 个回弹值中分别剔除 3 个最大值和 3 个最小值，取余下 10 个回弹值的平均值作为该测区的平均回弹值。

4）数据处理

将剩余 10 个回弹值带入下式：

$$R_m = \frac{\sum_{i=1}^{10} R_i}{10} \qquad (6-1)$$

式中　R_m——水平测试时测区平均回弹值，精确到 0.1；

　　　R_i——第 i 个测点的回弹值。

当回弹仪测试位置非水平方向时，回弹值应考虑角度修正：

$$R_m = R_{ms} + \Delta R_s \qquad (6-2)$$

式中　ΔR_s——混凝土浇筑顶面或底面测试时的回弹修正值，按表 6-1 采用；

　　　R_{ms}——在混凝土浇筑顶面或底面测试时的平均回弹值，精确到 0.1。

测试时，如果回弹仪器既非水平状态，又在浇筑顶面或底面，则应先进行角度修正，再进行顶面或底面修正。

不同测试角度 α 的回弹修正值　　　　　　　　　　　　表 6-1

$R_{m\alpha}$	α 向上				α 向下			
	＋90°	＋60°	＋45°	＋30°	−30°	−45°	−60°	−90°
20	−6.0	−5.0	−4.0	−3.0	＋2.5	＋3.0	＋3.5	＋4.5
30	−5.0	−4.0	−3.5	−2.5	＋2.0	＋2.5	＋3.0	＋3.5
40	−4.0	−3.5	−3.0	−2.0	＋1.5	＋2.0	＋2.5	＋3.0
50	−3.5	−3.0	−2.5	−1.5	＋1.0	＋1.5	＋2.0	＋2.5

3. 测定碳化深度

水泥在水化过程中游离出的 $Ca(OH)_2$ 与空气中的 CO_2 作用，生成硬度很高的

$CaCO_3$，会导致回弹值偏高。可见，碳化现象是影响回弹法测强度的主要因素，应对碳化深度加以修正。

测量碳化深度的方法：在回弹值测量完毕后，应在有代表性的位置上测量碳化深度值。测点数不应少于构件测区数的30%，取其平均值为该构件每个测区的碳化深度值。当碳化深度值极差大于2.0mm时，应在每一测区测量碳化深度值。试验时，采用电锤或其他合适的工具，在测区表面形成直径为15mm的孔洞，吹去洞中粉末（不能用液体冲洗），立即用浓度1%的酚酞溶液滴在孔洞内壁边缘处，未碳化的混凝土变成粉红色，已碳化的则不变色。然后用钢尺或碳化深度测试仪测量混凝土表面至变色交界处的垂直距离，即为测试部位的碳化深度，并应测量3次，每次读数应精确至0.25；取三次测量的平均值作为检测结果，数值精确至0.5mm。

碳化深度必须在每一测区的两相对面上分别选择测点，如构件只有一个可测面，就应在可测面上选择2~3点量测其碳化深度，每一点应测试两次。每一测区的平均碳化深度按式（6-3）计算：

$$d_m = \frac{\sum_{i=1}^{n} d_i}{n} \qquad (6-3)$$

式中　n——碳化深度测量次数；

d_i——第 i 次量测碳化深度（mm）；

d_m——测区平均碳化深度，当 $d_m \leq 0.4mm$ 时，取 $d_m = 0$；当 $d_m > 6mm$ 时，取 $d_m = 6mm$。

4. 测区混凝土强度

由测区回弹值平均碳化深度值，严格执行相应的规程，现行国家层面上规程是《回弹法检测混凝土抗压强度技术规程》JGJ/T 23—2011，同时，根据各地的情况在本地区颁布了测强曲线或专用测强曲线，即可以得到该测区的混凝土强度推定值。

6.2.2　超声波法

1. 基本原理

超声波法利用混凝土抗压强度 f_{cu} 与长超声波在混凝土中的传播参数（声速、衰减）之间的相关关系检测混凝土的强度。

超声波脉冲实质上是超声检测仪的高频电振荡激励压电晶体产生的机械振动发出的超声波在介质中的传播，当遇到不同介质将产生反射、折射、绕射、衰减等现象，从而使传播的声时、振幅、波形、频率等发生相应变化。在普通混凝土检测中，通常采用20~500kHz的超声频率，便可得到材料的某些性质与内部构造情况。混凝土强度越高，相应超声声速也越大。经试验归纳，这种相关性可以反映统计相关规律的非线性数学模型来拟合，目前常用的相关表达式有：

指数方程：

$$f_{cu}^c = AeB^v \qquad (6-4)$$

幂函数方程：

$$f_{cu}^c = Av^B \qquad (6-5)$$

抛物线方程：

$$f_{cu}^c = A + Bv + Cv^2 \qquad (6-6)$$

式中　f_{cu}^c——混凝土强度换算值；

　　　v——超声波在混凝土中的传播速度；

A、B、C——常数项。

　　在现场进行结构混凝土强度检测时，应选择试件浇筑混凝土的模板侧面为测试面，一般以 200mm×200mm 的面积为一测区。每一试件上相邻测区间距不大于 2m。测试面应清洁平整、干燥无缺陷和无饰面层。每个测区内应在相对测试面上对应布置三个测点，相对面上对应的辐射和接收换能器应在同一轴线上。测试时利用黄油或凡士林等耦合剂使换能器与被测混凝土表面耦合良好，以减少声能的反射损失。

　　测区声波的传播速度按照公式（6-7）和式（6-8）：

$$v_d = l/t_m \qquad (6-7)$$

$$t_m = \sum_{i=1}^{3} \frac{t_i - t_0}{3} \qquad (6-8)$$

式中　v_d——对测测区混凝土中声速代表值（km/s）；

　　　l——超声测距（mm）；

　　　t_m——测区平均声时值（μs）；

　　　t_i——分别为测区中 i 个测点的声时读数（μs）。

　　当在混凝土试件的浇筑顶面或底面测试时，声速值应按公式（6-6）作修正：

$$v_\alpha = \beta \cdot v_d \qquad (6-9)$$

式中　v_α——修正后的测区声速值（km/s）；

　　　β——超声测试面修正系数；在混凝土浇筑顶面及底面测试时 $\beta = 1.034$；由试验测量的声速，按 f_{cu}^c-v 曲线求得混凝土强度换算值。

　　2. 超声波法检测的特点

　　检测过程无损于材料、结构的组织和使用性能，可重复检测，并能测试混凝土的内部性能。同时，超声法还具有检测混凝土质地均匀性、内部缺陷的功能，有利于测强和测缺陷的结合。

　　由于超声波波长、骨料、钢筋等对测试波速的影响较大，使得难以建立统一的测强曲线，从而大大限制了其应用。

　　3. 主要影响因素

　　1）测距对波速测值的影响

　　随着测距增大，所测波速会减小。一般情况，一种介质的波速是一定的，不随尺寸大小而变。但问题在于，用目前的超声仪来测定时，随着测距的增加，所测得的波速值确实会减小。研究结果表明，随着测距增加，各等级混凝土所测波速都逐渐减小。减小的趋势是测距短时减小快，而测距增大后，这种减小趋势变缓。

　　2）钢筋对波速测量的影响

　　超声波在钢中的传播速度比混凝土快。超声波在钢材中传播速度为 5300～6000m/s，在混凝土中的传播速度为 3750～5000m/s，故要考虑钢筋对混凝土波速测量的影响。由于测定声速时，总是以首先到达的首波来计时，所以当在声波的传播路径上遇到钢筋时，有时会使所测波速增大。

3）换能器频率的影响

在大多数情况下，换能器的频率越高，测得的超声波声速越快。

4）测试面位置的影响

当在混凝土浇筑上表面或在底面进行测试时，由于石子离析下沉及表面泌水、浮浆等因素的影响，其声速与回弹值均与侧面测量时不同。若以侧面测量为准，上表面或底面测量时，对声速及回弹值均应乘以修正系数，修正系数可根据规范得到。

4. 检测仪器

超声法检测混凝土强度需要配置专门的设备：非金属超声检测仪，其工作频率一般不超过 1000kHz，在对混凝土构件进行检测时，通常在 50～100kHz 范围内选择超声波发射频率。新型的超声检测仪与计算机相结合，可以通过计算机程序直接测读声时。利用超声法检测混凝土时，操作者的技术水平及经验对测量精度有很大影响，有关细则应按中国工程建设标准化协会的标准执行。

6.2.3 超声回弹综合法

由于回弹法和超声波法均有明显的缺点，因此，学者们进行了不懈的研究，并提出了新的方法以提高测试精度和拓展应用范围。目前，取得较大成果的有超声回弹综合法和冲击弹性波法。其中，超声回弹综合法是指采用低频超声波检测仪和标准动能为 2.207J 的回弹仪，在结构或构件混凝土同一测区分别测量超声声速值（v）及回弹值（R），然后利用已建立的测强公式，推算该测区混凝土强度值（f_{cu}^c）的一种方法。依据规程为《超声回弹综合法检测混凝土抗压强度技术规程》T/CECS 02—2020。

1. 测区基本要求

（1）按单个构件检测时，测区数原则上不应少于 10 个；

（2）同批构件按批抽样检测时，按《超声回弹综合法检测混凝土抗压强度技术规程》T/CECS 02—2020 第 5.1.2 规定执行；

（3）测区宜优先布置于构件混凝土浇筑方向的侧面；

（4）测区宜均匀布置，相邻测区的间距不宜大于 2m；

（5）测区宜避开预埋件和钢筋密集区；

（6）测区尺寸宜为 200mm×200mm，采用平测时宜为 400mm×400mm；

（7）对结构或构件的每一测区，应先进行回弹测试，后进行超声测试；

（8）计算混凝土抗压强度换算值时，非同一测区内的回弹值和声速值不得混用。

2. 回弹测试及回弹值计算

回弹测试，应遵循回弹法的相关测试要求。超声对测或角测时，回弹测试应在测区内超声波的发射面和接收面各测读 5 个回弹值。若采用超声波单面平测时，可在超声波的发射和接收测点之间弹击 10 个回弹值，每个测点回弹值的测读应精确至 1，且同一测点只允许弹击 1 次。测点在测区范围内宜均匀布置，但不得布置在气孔或外露石子上。相邻两测点的间距不宜小于 20mm；测点距构件边缘或外露钢筋、铁件的距离不应小于 30mm。

测区回弹代表值应从测区的 10 个回弹值中剔除 1 个最大值和 1 个最小值，并应用剩余的 8 个有效回弹值，取平均作为测区回弹代表值，精确至 0.1。即：$R = \dfrac{1}{8} \sum\limits_{i=1}^{8} R_i$；$R$ 为测区回弹代表值精确至 0.1；R_i 为第 i 个测点的有效回弹值。

3. 超声测试及声速值计算

超声测点应布置在回弹测试的同一测区内，每一测区布置 3 个测点。超声测试宜优先采用对测或角测，当被测构件不具备对测或角测条件时，可采用单面平测。声时测量应精确至 0.1μs，超声测距测量应精确至 1.0mm，且测量误差不应超过 ±1%。声速计算应精确至 0.01km/s。当在混凝土浇筑方向的侧面对测时，测区混凝土中声速代表值应根据该测区中 3 个测点的混凝土中声速值，按下列公式计算：

$$v_\mathrm{d} = \frac{1}{3} \sum_{i=1}^{3} \frac{l_i}{t_i - t_0} \tag{6-10}$$

式中　v_d——测区混凝土中声速代表值（km/s）；

　　　l_i——第 i 个测点的超声测距（mm），测距参见《超声回弹综合法检测混凝土抗压强度技术规程》T/CECS 02—2020 计算；

　　　t_i——第 i 个测点的声时读数（μs）；

　　　t_0——声时初读数（μs）。

当在混凝土浇筑的顶面或底面测试时，测区声速代表值应按下列公式修正：

$$v_\mathrm{a} = \beta v_\mathrm{d} \tag{6-11}$$

式中　v_a——修正后测区混凝土中声速值（km/s）；

　　　β——测试面修正系数，在混凝土浇筑的顶面和底面间对测或斜测时，$\beta = 1.034$，其他情况参见《超声回弹综合法检测混凝土抗压强度技术规程》T/CECS 02—2020。

4. 测区混凝土强度换算值计算

结构或构件中第 i 个测区的混凝土抗压强度换算值，可按规范求得修正的测区回弹值 R_m 和声速代表值 v_a 后，优先采用专用测强曲线地区测强曲线进行换算。

1）测强曲线的分类

根据制订测强曲线材料来源，测强曲线一般分为下列 3 类：

（1）统一测强曲线（全国曲线）

这类曲线以全国一般常用的有代表性的混凝土原材料、成型养护工艺和龄期为基本条件，适应于无地区测强曲线和无专用测强曲线的地区。该曲线对全国大多数地区来说，具有一定的适应性，因此使用范围广，但精度不是很高：$f_{\mathrm{cu},i}^{\mathrm{c}} = 0.0286 v_{\mathrm{a}i}^{1.999} R_{\mathrm{a}i}^{1.155}$。

粗骨料为卵石时：

$$f_{\mathrm{cu},i}^{\mathrm{c}} = 0.0056 v_{\mathrm{a}i}^{1.439} R_{\mathrm{a}i}^{1.769} \tag{6-12}$$

骨料为碎石时：

$$f_{\mathrm{cu},i}^{\mathrm{c}} = 0.016 v_{\mathrm{a}i}^{1.656} R_{\mathrm{a}i}^{1.410} \tag{6-13}$$

式中　$f_{\mathrm{cu},i}^{\mathrm{c}}$——第 i 测区混凝土抗压强度换算值（MPa）；

　　　$v_{\mathrm{a}i}$——第 i 测区混凝土声速代表值（km/s）；

　　　$R_{\mathrm{a}i}$——第 i 测区混凝土回弹代表值。

（2）地区（部门）测强曲线

这类曲线是采用本地区或本部门常用的具有代表性的混凝土原材料、成型养护工艺和龄期为基本条件，在本地区或本部门制作一定数量的试块，进行非破损测试后，再进行破损试验建立的测强曲线。这类曲线适应于无专用测强曲线的工程测试，对本地区或本部门来说，其现场适应性和强度测试精度均优于统一测强曲线。这种曲线是针对我国地区辽阔和各地材料差别较大的特点而建立起来的。

（3）专用（率定）测强曲线

这类曲线是以某一工程为对象，采用与被测工程相同的混凝土原材料、成型养护工艺和龄期，制作一定数量的试块，进行非破损测试后，再进行破损试验建立的测强曲线。制定的这类曲线因针对性较强，故专用（率定）测强曲线精度较地区（部门）曲线为高。因此，在一些现行的检测规程中都明确指出，对有条件的地区和部门，应制定本地区的测强曲线或专用测强曲线。各检测单位应按专用测强曲线、地区测强曲线、统一测强曲线的次序选用测强曲线。

2）地方、专用测强曲线的建立方法

（1）测试仪器的基本要求，应采用中型回弹仪、低频超声仪（换能器频率在 $50\sim100kHz$），并应符合有关标准对仪器的技术要求。

（2）必须对使用的混凝土原材料的种类、规格、产地及质量情况进行全面调查了解，相关材料应符合国家有关标准。

（3）选用本地区（本工程）常用的混凝土强度等级、施工工艺、养护条件及最佳配合比，制定详细的试验计划。

（4）混凝土试块制作和养护：混凝土试块规格为 150mm×150mm×150mm 立方体试块，强度等级可分为 C20、C30、C40、C50 等，龄期 7d、14d、28d、60d、90d、180d、365d。

（5）每一强度等级最好制作 42 个试块，每个龄期测试 6 块。

（6）混凝土抗压强度试验采用压力机测试。

（7）回归分析宜采用幂函数形式，即公式（6-14）：

$$f_{cu}^{c} = av^{b}R^{c} \qquad (6\text{-}14)$$

式中　a、b、c——常数项，需要通过回归得到。

（8）测强曲线的误差 e_r 应按公式（6-15）计算：

$$e_r = \sqrt{\dfrac{\sum\limits_{i=1}^{n}\left(\dfrac{f_{cu,\,i}^{0}}{f_{cu,\,i}^{c}} - 1\right)^{2}}{n}} \times 100\% \qquad (6\text{-}15)$$

式中　$f_{cu,\,i}^{0}$——第 i 个立方体试件的抗压强度实测值（MPa）；

　　　$f_{cu,\,i}^{c}$——第 i 个立方体试件的抗压强度换算值（MPa）。

（9）若回归方程式的误差符合：专用测强曲线 $e_r \leqslant 12\%$，地区测强曲线 $e_r \leqslant 14\%$；则经有关部门批准后，可作为专用或地区测强曲线。

6.2.4 钻芯法

钻芯法是利用专用钻机，从混凝土结构中钻取芯样以检测混凝土强度或观察混凝土内部质量的方法。由于钻芯取样对结构混凝土造成局部损伤，因此也是一种局部破损的检测手段。钻芯法已经在混凝土质量检测中得到普遍的应用，取得了明显的技术经济效益。

目前有关钻芯法的技术规程有：《钻芯法检测混凝土强度技术规程》JGJ/T 384—2016、《钻芯法检测混凝土强度技术规程》CECS 03—2007。

用钻芯法检测混凝土的强度、裂缝、接缝、分层、孔洞、离析等缺陷，具有直观、精度高等特点，因而广泛应用于工业与民用建筑、水利工程、公路桥梁、机场跑道等混凝土结构或构筑物的质量检测。

钻芯机是钻芯法的基本设备，在混凝土结构的钻芯或工程施工钻孔中，由于被钻混凝土的强度等级、孔径尺寸、钻孔位置以及操作环境的变化，钻芯机有轻便型、轻型、重型和超重型之分。钻芯机由机架、驱动部分、减速部分、进钻部分以及冷却和排渣系统五部分组成。钻取芯样时宜采用100mm或150mm的人造金刚石薄壁钻头。

钻芯所取的芯样在做抗压强度试验时的状态应与实际结构的使用状态相同或接近。芯样试件应在自然干燥状态下进行抗压试验。如结构工作条件比较潮湿，芯样试件应在 $20\pm5°$ 的清水中浸泡 $40\sim48h$，从水中取出后立即进行抗压试验。

取芯试样的混凝土强度换算值系指用钻芯法测得的芯样强度，换算成相应于测试龄期的、边长为150mm的立方体试块的抗压强度，按式（6-16）进行计算：

$$f_{cu}^{c} = \alpha \frac{4F}{\pi d^{2}} \qquad (6-16)$$

式中　f_{cu}^{c}——芯样试件混凝土强度换算值（MPa），精确到0.1MPa；

　　　F——芯样试件抗压试验测得的最大压力（N）；

　　　d——芯样试件的平均直径（mm）；

　　　α——不同直径比的芯样试件混凝土强度换算系数，按表6-2选用。

芯样试件混凝土强度换算系数　　　　　　　　　　表6-2

高径比	1.0	1.1	1.2	1.3	1.4	1.5	1.6	1.7	1.8	1.9	2.0
系数	1.00	1.04	1.07	1.10	1.15	1.17	1.19	1.21	1.22	1.24	—

单个构件或单个构件的局部区域，可取芯样试件混凝土强度换算值中最小值作为其代表值。混凝土结构经钻孔取芯后，对结构的承载能力会产生一定的影响，应该及时进行修补。通常采用比原设计强度提高一个等级的微膨胀水泥细石混凝土或采用以合成树脂为胶结料的细石聚合物混凝土填实。修补前应将孔壁凿毛，并清除孔内污物，修补后及时养护。一般来讲，即使修补后结构的承载能力仍有可能低于钻孔前的承载能力，因此钻孔法不宜普遍使用，更不易在一个受力区域内集中钻孔。建议将钻孔法与其他非破损检测方法结合使用，一方面利用非破损方法来减少钻孔的数量，另一方面利用钻孔取芯法来提高非破损检测方法的测试精度。

6.2.5　拔出法

拔出法是一种局部破损的检测方法，其试验是把一个用金属制作的锚固件预埋入未硬化的混凝土浇筑构件内（预埋拔出法），或在已硬化的混凝土构件上钻孔埋入一个锚固件（后装拔出法），然后根据测试锚固件被拔出时的拉力，来确定混凝土的拔出强度，并据以推算混凝土立方体抗压强度。

拔出法在美国、俄罗斯、加拿大、丹麦等国家得到广泛应用。我国规程为《拔出法检测混凝土强度技术规程》CECS 69：2011。混凝土强度常用的几种检测方法的比较见表6-3。

混凝土强度的几种检测方法比较 表6-3

种类	测定内容	适用范围	特点	缺点
回弹法	测定混凝土表面硬度值	混凝土抗压强度	测试简单快捷	测定部位仅为混凝土表面，同一处只能测试一次
超声-回弹综合法	混凝土表面硬度值和超声传播速度	混凝土抗压强度	测试简单，测试精度比单一法高	比单一法复杂
拔出法	测其拔出力	混凝土抗压强度	测强精度较高	对混凝土有一定的损伤，检测后要进行修补
钻芯法	从混凝土中钻取一定尺寸的芯样	混凝土的抗压强度及劈裂强度、内部缺陷	测强精度较高	成本较高，对混凝土有损伤，需要修补

6.3 混凝土结构厚度检测

对于混凝土结构而言，保证其结构尺寸与设计一致也是非常重要的。其中，楼板，桥梁的顶、底、腹板，隧道及地下结构的衬砌，以及基础等均广泛存在与设计值不符的现象。

测试板厚的方法有两类：

（1）对于两侧面露出，且钢筋不十分密集的板型结构（如楼板），可采用电磁衰减的方法，从板的两端对测；

（2）对于仅有一面露出（如基础、隧道和地下结构的衬砌）的结构，应采用冲击弹性波反射或雷达法从露出面检测。

6.3.1 电磁衰减法

对于楼板这样的具有两个作业面，且厚度不太厚、钢筋不太密集的板形构件，用楼板厚度仪检测是比较理想的。

楼板厚度仪利用电磁波幅值衰减的原理来测量楼板厚度。发射探头发射出稳定的交变电磁场，根据电磁理论，电磁场的强度随着距离衰减，与主机相连接收探头接收电磁场，并根据电磁场的强度来测量楼板的厚。

测量时，发射探头置于被测楼板的一面（即底面），并使其表面与楼板贴紧；接收探头置于被测楼板的另一相对面（即顶面），如图6-3所示。接收探头在发射探头对应的位置附近移动，寻找当前值最小的位置，楼板厚度值即是上述过程中的最小值。

标准的楼板测厚仪由主机、发射探头、接收探头、信号传输电缆组成。配件有对讲机、加长杆、充电器等。电磁场衰减与板厚的关系一般通过设备厂商的事先标定得到。一般来说，仪器的测试厚度范围在50～300mm，可满足绝大部分楼板的检测。

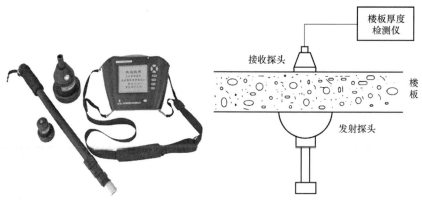

图 6-3　楼板厚度检测仪

6.3.2　雷达法

雷达法也是一种有效的测试结构厚度的方法，在隧道衬砌、道路铺装等大面积厚度测试中应用广泛。

无论探地雷达还是混凝土雷达，均利用高频电磁脉冲波的反射探测目的地，只是它是从地面向地下或混凝土内部发射电磁波来实现的。将雷达原理用于探地，早在 1910 年就已提出，当时德国的 G.Leimback 和 Lowy 曾以专利形式阐明这一问题。然而只是在高频微电子技术以及计算机数据处理方法迅速开发的近代，这项技术才获得本质性的进展。今天，根据测试对象或者说天线主频的不同，在工程检测中所用的雷达又可分为探地雷达（也称为地质雷达，ground penetrating radar，简称 GPR）和混凝土雷达。其中，混凝土雷达的天线频率更高，分辨力也更高，但测试深度较浅。

随着微电子技术的迅速发展，现在的探地／混凝土雷达设备早已由庞大、笨重的结构改进为现场适用的轻便工具，实际应用范围迅速扩大。探地雷达由于采用了宽频短脉冲和高采样率，使其探测的分辨率高于所有其他地球物理探测手段。

1. 测试原理

雷达法测厚的基本原理（图 6-4）与击弹性测厚方法相同，利用雷达波速 v_r 与反射时间 T 的乘积推算结构的厚度 H，其中，检测前应对结构混凝土的电磁波速做现场标定，图 6-5 为混凝土雷达。

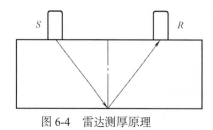

图 6-4　雷达测厚原理

图 6-5　混凝土雷达

当发射天线与接收天线有一定的间距 D 时，有：

$$H = \sqrt{\frac{v \cdot T}{2} - \frac{D^2}{4}} \tag{6-17}$$

2. 测试设备

对于雷达测厚，探测的最大深度应大于目标体埋深，垂直分辨率宜优于2cm。根据检测的厚度和现场具体条件，选择相应频率天线（表6-4）。

不同频率天线参考测深　　　　　　　　　　　　　　　表6-4

天线中心频率（MHz）	500	1200	1600	2000
可达深度（m）	1～4.5	0.3～1	0.2～0.7	0.1～0.5
参考深度（m）	2.0	0.8	0.6	0.4

在记录时，应保证能够完整地采集底部反射的信号，此外，应注意：

（1）仪器的信号增益应保持信号幅值不超出信号监视窗口的3/4，天线静止时信号应稳定。

（2）采样率宜为天线中心频率的6～10倍。

3. 现场检测

现场检测时，应当首先进行电磁波速标定，然后宜采用一维或者二维网连检测。标定可采用已知厚度材料与被检测混凝土结构相同、工作环境相同的预制构件上现场采集芯样测量，或对已知厚度的测点进行检测。标定目标体已知厚度不小于15cm，且记录中界面反射信号应清楚、准确。

4. 注意事项

在使用雷达法测试混凝土厚度时，需要注意以下问题：

（1）由于混凝土中微波波速受到其含水率、矿物质成分等影响，具有较大的变化范围。因此，上述条件出现变化时，应及时标定。

（2）当混凝土中钢筋密集时，对微波的传播影响很大，甚至无法测试。

6.3.3　测试方法对比

以上介绍的混凝土结构厚度的测试方法，由于采用信号源及测试原理的不同，在现场应用时，各有利弊。具体说明请参考表6-5。

混凝土厚度测试方法对比　　　　　　　　　　　　　　　表6-5

检测方法	优点	缺点
电磁衰减法	设备简单、操作方便、精度高	必须双面测试，测试厚度一般不超过30cm
雷达法	测试效率和分辨率高，并可单面测试	波速标定比较困难，需要钻芯取样。受到钢筋、水分的影响

6.4　混凝土缺陷检测

混凝土构件的缺陷检测可分为蜂窝、麻面、孔洞、夹渣、露筋、裂缝、疏松区和不同时间浇筑混凝土结合面质量等项目。混凝土外部缺陷，可通过目测、敲击、卡尺及放大镜等方式进行测量。混凝土内部缺陷则主要指由于技术管理不善和施工疏忽，在结构施工过程中因浇捣不密实造成的内部空洞、裂缝、表层损伤的检测等，可采用超声法、冲击反射法等非破损检测方法，必要时可采用局部破损的方法对非破损的检测结果进行验证。混凝土的破损及缺陷对构件的承载能力与耐久性均有显著的影响，因而在工程验收、事故处理及既有结构的可靠性鉴定中属重要检测项目。

超声波检测混凝土缺陷目前应用最为广泛，主要是采用低频超声仪，测量超声脉冲纵波在结构混凝土中的传播速度、首波幅度和接收信号频率等声学参数。当混凝土中存在缺陷或损伤时，超声脉冲通过缺陷产生绕射，传播的声速比相同材质无缺陷混凝土的传播声速要小，声时偏长。由于在缺陷界面上产生反射，因而能量显著衰减，波幅和频率明显降低，接收信号的波形平缓甚至发生畸变。综合声速、波幅和频率等参数的相对变化，对同条件下的混凝土进行比较，可以判断和评定混凝土的缺陷和损伤情况。

超声波检测混凝土内部的不密实区域或空洞是根据各测点的声时（或声速）、波幅或频率值的相对变化，确定异常测点的坐标位置，从而判定缺陷的范围。当结构具有两互相平行的测面时可采用对测法。在测区的两对相互平行的测试面上，分别画间距为200～300mm 的网格，确定测点的位置，如图 6-6 所示。对于只有一对相互平行的试面时可采用斜测法。即在测区的两个相互平行的测试面上，分别画出交叉测试的两组点位置，如图 6-7 所示。

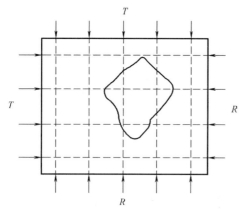

图 6-6　混凝土缺陷检测对测法测点布置

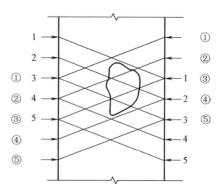

图 6-7　混凝土缺陷检测斜测法测点布置

6.5　混凝土的变形特性

弹性模量是体现混凝土变形特性的最主要的指标，反映了固体材料抵抗外力产生形变的能力。因此，精确测量弹性模量对评价混凝土结构的健全性、耐久性都具有重要意义。测量试件弹性模量有多种方法，可分为静态法和动态法两种，但能够测试结构构件的方法目前只有弹性波法。

6.5.1　测试弹性模量的意义

以冲击弹性波作为测试媒介，通过测试弹波的波速，计算出材料的动切线弹性模量和推算相应的混凝土弹性模量 E_c，进而根据 E_c 与抗压强度的相关关系推算混凝土的抗压强度、耐久性，其核心在于精确地测试混凝土材料的弹性模量 E_c。

混凝土的弹性模量 E_c，不仅影响到结构的变形，而且也是反映混凝土质量、耐久性的重要指标：

（1）可以反映材料的刚性特性，在结构的变形计算中是重要的参数，特别是对于高强度混凝土，简单地采用抗压强度反推弹模的方法往往具有较大的误差；

（2）混凝土材料的老化往往先从弹模的降低开始，而新建结构的施工不良也会在弹模方面有所显现。

为此，我国规定在高铁预应力梁的施工中，不仅要求控制抗压强度（通常为 C50），而且要求控制弹模 E_c 在 34.5GPa 以上。

6.5.2 测试基本原理

1. 动弹性模量的求取

结构弹性模量的测试，主要是测试混凝土结构的弹性波波速，而弹性波波速在结构中传播根据结构的尺寸不同分为一维、二维、三维，再根据波速与动弹性模量 E_d 的关系，可以推算出 E_d 与对波速与动弹性模量的关系。

各条件下测试得到的混凝土结构弹性波波速 v_p 与一维杆件弹性波波速 v_{p1} 之比，见表 6-6。

混凝土结构弹性波波速比 v_p/v_{p1} 表 6-6

对象		冲击回波法	单面传播法	
			双面透过／对测	单面传播／平测
构件	薄板（厚度＜1/2 波长）	$\beta/0.96$	1.05	1.02
	厚板（厚度≥1/2 波长）	$\beta/0.96$	1.05	1.02
试件		$\beta/0.96$	—	—

2. 钢筋影响的修正

根据国内一家单位的研究计算，C30 的混凝土中 1% 的配筋率可以使波速提高大约 1.02%。对于钢筋混凝土结构中钢筋的影响，也可以使用等效模量的概念，根据箍筋、纵筋的布置或配筋率加以适当修正。

3. 动、静弹性模量间的关系

根据波速求取的弹性模量是在小应变条件下的动切线弹性模量（E_d），而非弹性模量（E_c）。对于钢材这样的均质弹性材料，E_d 与 E_c 非常接近，而对于混凝土这样的非线性材料而言，E_d 与 E_c 之间则有一定的差异，具体体现在：

1）应力水平的影响

如前所述，混凝土材料的应力水平越高，切线弹性模量越低。

2）黏性的影响

在低应力水平条件下（如试块），E_d 与 E_c 的差异主要体现在黏性的影响。

一般而言，E_d 与 E_c 的关系可以表示为：

$$E_c = \kappa E_d \tag{6-18}$$

根据 Neville 的研究成果，有 $\kappa = 0.83$。当然，不同配比的混凝土，κ 值有一定的变化，但幅度不大。

6.6　钢筋混凝土结构中钢筋检测

混凝土结构钢筋检测的主要内容包括钢筋的位置、钢筋的材质和钢筋的锈蚀。有相应的检测要求时，可对钢筋的锚固与搭接、框架节点及柱加密区箍筋和框架柱与墙体的拉结筋进行检测。

对已建混凝土结构作施工质量诊断及可靠性鉴定时，要求确定钢筋位置、布筋情况、正确测量混凝土保护层厚度和估测钢筋的直径。当采用钻芯法检测混凝土强度时，为在钻心部位避开钢筋，也须做钢筋位置的检测。钢筋位置、保护层厚度和钢筋数量，宜采用非破损的雷达法或电磁感应法进行检测，必要时可凿开混凝土进行钢筋直径或保护层厚度的验证。

6.6.1　钢筋位置与保护层厚度的检测

钢筋位置和保护层厚度的测定可采用磁感仪、钢筋扫描仪和混凝土保护层测试仪以及雷达波进行检测。

1. 磁感仪检测

用磁感仪检测时，将测定仪探头长向与构件中钢筋方向平行，钢筋直径档调至最小，测距档调至最大，横向摆动探头，仪器指针摆动最大时，探头下就是钢筋的位置。钢筋位置确定后（标出所有钢筋位置即可确定钢筋数量），按设计图纸上的钢筋直径和等级调整仪器的钢筋直径、钢筋等级档，按照需要调整测距档，将探头远离金属体，旋转调旋钮使指针回零，将探头放置在测定钢筋上，从刻度盘上读取保护层厚度。对于钢筋直径可将混凝土保护层凿开剥露后用卡尺测量。

2. 数字化钢筋位置和保护层厚度测定仪检测

数字化钢筋位置和保护层厚度测定仪是磁感仪的升级产品，其监测结构能够实现与计算机连接，在屏幕上可以直观的观测钢筋的位置。

3. 雷达法

结构混凝土的雷达监测技术是从探地雷达发展而来。由于混凝土较为密实，含水率较低，通常采用较高的微波发射频率，如 1GHz 或者更高。根据电磁波在混凝土中的传播速度和发射波往返的时间差，可以确定混凝土内发射体至混凝土测试面的距离。

常用的钢筋混凝土雷达检测仪的探测深度一般为 20cm，雷达探测仪大多数以图像的形式给出检测结果，可以用来检测混凝土内的钢筋、管线、裂缝或孔洞等。

6.6.2　钢筋锈蚀程度检测

既有结构钢筋的腐蚀是导致混凝土保护层胀裂和剥落等破坏现象的主要原因。由于混凝土的碳化和化学介质侵蚀，在一定环境条件下，埋置于混凝土内的钢筋可能锈蚀。由于钢筋锈蚀的过程中体积增大，会导致混凝土的胀裂、剥落，降低钢筋与混凝土之间的粘结力，严重时可能导致结构破坏或耐久性降低等现象出现。通常对既有建筑物进行结构鉴定和可靠性诊断时，必须对钢筋的锈蚀情况进行检测。

钢筋锈蚀的检测方法可以采用三种方法检测：局部凿开法、直观检测法、自然电位法。

1. 局部凿开法

对检测部位的混凝土构件，首先敲掉混凝土的保护层，露出钢筋，直接用卡尺测量钢筋的锈蚀层厚度和钢筋的剩余直径；或者现场截取钢筋的样品，将截取的样品钢筋端部锯平或磨平，用游标卡尺测量样品的长度；把样品放在氢氧化钠溶液中通电除锈。将除锈后的钢筋样品试样放在天平上称出残余质量，残余质量与该种钢筋公称质量之比，即为钢筋的剩余截面率；除锈前钢筋样品的质量与除锈后钢筋样品的质量之差即为钢筋的锈蚀量。

2. 直观检测法

观察被检测的混凝土构件表面有无锈痕，特别注意是否出现沿钢筋方向的纵向裂缝，顺着钢筋的裂缝长度和宽度可以反映钢筋的锈蚀程度。

3. 自然电位法

钢筋因腐蚀而在表面有腐蚀电流存在，使电位发生变化。当混凝土结构中的钢筋锈蚀时，钢筋的表面便有腐蚀电流，钢筋表面与混凝土表面间就存在着电位差，电位差的大小与钢筋的锈蚀程度有关，运用电位测量装置，可以判断钢筋锈蚀范围以及严重程度。

6.7 钢结构现场检测技术

钢结构检测是指钢结构与钢构件质量或性能的检测，可分为钢结构材料性能、连接，构件尺寸偏差、变形与损伤等检测工作。由于钢材在工程结构材料中强度最高，故支承的构件具有薄、细、长、柔等特点。因其连接构造传递应力大，结构对附加的局部应力、残余应力、几何偏差、裂缝、腐蚀、振动撞击效应等也较敏感。因此钢结构的检测应将重点放在结构布置、连接构造及变形等方面。采用非破损仪器检测的主要内容为钢材强度和焊缝的内部缺陷，必要时应测定结构材料强度及个别构件的实际应力。钢结构最典型的破坏方式是失稳破坏和疲劳断裂破坏，钢结构缺陷主要来自以下 7 个方面：

（1）钢材中的有害元素，如硫、磷等杂质，使钢材的塑性、冲击韧性、抗疲劳强度、抗腐蚀性、可焊接性和冷弯性能等指标降低。

（2）钢结构在加工过程中的误差带来的缺陷，如加工误差、孔径误差、钢材的加工硬化、构件热加工后产生的残余应力等。

（3）焊接钢结构的焊接工艺不正确可能使焊缝产生内部缺陷，焊缝尺寸不满足设计要求，焊条、母材或拼接板不匹配，导致过大的残余应力等。

（4）铆接钢结构的铆接工艺不正确导致钢结构存在缺陷；如铆合质量差，构件拼接时铆钉孔数目太多，铆合时铆钉温度过高等原因，都可能使钢结构产生初始缺陷。

（5）螺栓连接钢结构可能因螺栓孔加工误差、螺栓材质等原因导致出现缺陷。长期使用荷载作用下，螺栓松动、高强度螺栓应力松弛也影响螺栓连接钢结构的性能。

（6）钢结构构件的防腐蚀处理不满足要求，导致构件、连接件、螺栓等被腐蚀。

（7）结构设计不合理或设计错误，导致钢结构存在初始缺陷。

6.7.1 钢材强度测定

对已建钢结构鉴定时，为了解结构钢材的力学性能，特别是钢材的强度，最理想的方法是在结构上截取试样，由拉伸试验确定相应的强度指标。但这样会损伤结构，影响其正常工作，并需要进行补强。一般采用表面硬度法间接推断钢材强度。

表面硬度法主要利用布氏硬度计测定，如图6-8所示。由硬度计端部的钢珠受压时在钢材表面和已知硬度标准试样上的凹痕直径，测得钢材的硬度，并由钢材硬度与强度的相关关系，经换算得到钢材的强度。测定钢材的极限强度后，可依据同种材料的屈强比计算得到钢材的屈服强度：

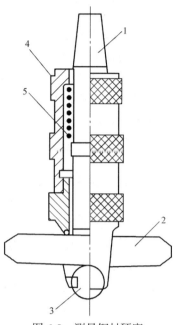

$$H_B = H_s \frac{D - \sqrt{D^2 - d_s}}{D - \sqrt{D^2 - d_B}} \left.\right\}$$
$$f = 3.6 H_B \ (N/mm^2)$$
（6-19）

式中　H_B、H_s——钢材与标准试件的布氏硬度；

　　　d_s、d_B——硬度计钢珠在刚才和标准试件上的凹痕
　　　　　　　直径；

　　　D——硬度计钢珠直径；

　　　f——钢材的极限强度。

图 6-8　测量钢材硬度
1—纵轴；2—标准棒；3—钢珠；
4—外壳；5—弹簧

6.7.2　连接构造和腐蚀的检查

连接构造的检查应根据不同的构件有所侧重，例如屋盖系的布氏硬度系统应注意支撑设置是否完整，支撑杆长细比是否符合规定，特别是单肢杆件是否有弯曲、断裂及节点撕裂，连接铆钉或螺钉是否松动，焊缝是否开裂等。吊车梁系统中应注意检查构件间的相互连接，包括吊车梁与制动结构的连接，制动结构与厂房柱之间以及轨道与吊车梁的连接等。腐蚀检查应注意检查构件及连接点处容易积灰和积水的部位，经常受漏水和干湿交替作用的部位，经常受漏水作用的构件以及不易油漆的组合截面和节点的腐蚀状况等。当油漆脱落严重，残留的漆层没有光泽，生锈钢材应查明钢材实际厚度及锈坑深度和锈烂的状况。

6.7.3　超声探伤

超声法检测钢材和焊缝缺陷的工作原理与检测混凝土内部缺陷相同，试验时较多采用脉冲反射法。超声波脉冲经换能器发射进入被测材料时，当通过材料不同界面（构件材料表面、内部缺陷和构件底面）时，会产生部分反射。在超声波探伤仪的示波屏幕上分别显示出各界面的反射波及其相应的位置，如图6-9所示。由缺陷反射波与起始脉冲和底脉冲的相对距离可确定缺陷在构件内的相对位置。如材料完好内部无缺陷时，则显示屏上有起始脉冲和底脉冲，不出现缺陷反射波。

检测焊缝内部缺陷时，换能器常采用斜向探头。如图6-10所示，用三角形标准试块比较法确定内部缺陷的位置。当在焊缝内探测到缺陷时，记录换能器在构件上的位置L和缺陷反射波在显示屏上的相对位置。然后将换能器移到三角形标准试块的斜边上作相对移动，使反射脉冲与构件焊缝内的缺陷脉冲重合。当三角形标准试块的α角度与斜向换能器超声波和折射角度相同时，量取换能器在三角形标准试块上的位置L，则可按下列公式确

定缺陷的深度 h：

$$l = L\sin^2\alpha \tag{6-20}$$

$$h = L\sin\alpha \cdot \cos\alpha \tag{6-21}$$

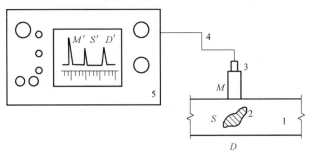

图 6-9　脉冲反射法探伤

1—试件；2—缺陷；3—探头；4—电缆；5—探伤仪

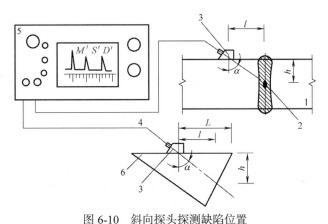

图 6-10　斜向探头探测缺陷位置

1—试件；2—缺陷；3—探头；4—电缆；5—探伤仪；6—标准试块

由于钢材密度比混凝土大得多，为了能够检测钢材或焊缝内较小的缺陷，要求选用较高的超声频率，常用工作频率为 0.5～75MHz，比混凝土检测时的工作频率高，而功率则较小。用于钢结构检测的超声仪为金属超声仪。与混凝土缺陷的超声法检测的另外一个不同之处是金属超声检测仪只有一个探头，既发射超声波，也接收反射波。用于钢结构焊缝非破损检测时，利用纵波（直探头），也利用横波（斜探头），这是因为在钢结构的焊缝中，经常遇到 45° 方向的斜焊缝。

6.7.4　磁粉与射线探伤

磁粉探伤的基本原理是利用外加磁场将钢构件磁化。如果材料内部均匀一致和其截面不变时，则其磁力线方向也应一致和不变。当材料内部出现缺陷，如裂纹、空洞和非磁性夹杂物等，这些部位的磁导率很低，磁力线便产生偏转，即绕道通过这些缺陷部位。当缺陷距离表面很近时，此处偏转的磁力线就会有部分越出试件表面，形成一个局部磁场。这时将磁粉撒向试件表面，落到此处的磁粉即被局部磁场吸住，可测得缺陷大小。

射线探伤有 X 射线探伤和 γ 射线探伤两种。X 射线和 γ 射线都是波长很短的电磁渡，具有很强的穿透非透明物质的能力，并能被物质所吸收。物质吸收射线的程度，随物质本身的密实程度而异。材料越密实，吸收能力越强，射线越易衰减，通过材料后的射线越弱。当材料内部有松孔、夹渣、裂缝时，则射线通过这些部位的衰减程度较小，因而透过试件的射线较强。根据透过试件的射线强弱，即可判断材料内部的缺陷。

6.8　砌体结构现场检测技术

砌体结构的检测可分为砌筑块材、砌筑砂浆、砌体强度、砌筑质量与构造及损伤与变形等各项工作。具体的检测项目应根据质量验收、鉴定工作的需要和现场的检测条件等具体情况确定。在进行砌体结构的可靠性鉴定时，应对构件的正常使用功能进行评定，即按承载能力、裂缝、变形及构造四个项目进行评价。现场调查的内容还包括砌体的组砌方式、灰缝厚度和砂浆饱满度、截面尺寸、主要承重构件的垂直度以及裂缝分布特征。

在砌体结构类裂缝中，最严重和最危险的裂缝是砌体承载能力不足导致的裂缝，此种裂缝即是砌体结构现场非破损检测的主要目的之一。因此砌体强度的检测是砌体现场非破损检测的主要内容。砌体的现场非破损或微破损检测方法很多，有直接对砌体施加荷载的原位压力试验，有检测块体与砂浆之间的抗剪性能的剪切试验，还有对砂浆进行检测试验的各种方法。通常，可采用回弹法检测块体的强度，现场检测得到砂浆强度后即可推定砌体抗压强度。但是这种测方法不能反映组砌方式、灰缝饱满度等对砌体抗压强度的影响。因此，现场直接检测砌体强度的微破损检测方法大量应用于砌体工程，表6-7列举了砌体微破损或局部破损的主要检测方法。

砌体微破损或局部破损的主要检测方法　　　　　　　　　　　　表 6-7

序号	检测方法	特点	用途	限制条件
1	原位轴压法	1. 直接对局部墙体施加荷载，测试结果综合反映了墙体力学性能； 2. 测试结构直观，可比性强； 3. 试验设备较重	检测普通砖砌体抗压强度	墙体要有一定的宽度；同一墙体上测点数不宜多于1个，且总测点数不宜太多；限用于240mm厚墙体
2	扁顶法	1. 直接对局部墙体施加荷载，测试结果综合反映了墙体力学性能； 2. 测试结构直观，可比性强； 3. 砌体强度较高或变形模量较低时，难以测出抗压强度； 4. 试验设备较轻，但扁顶重复使用率低	1. 检测普通砖砌体抗压强度； 2. 测试砌体弹性模量； 3. 测试砌体实际应力	墙体应该有一定宽度；同一墙体上的测点数不宜多于1个，且总测点数不宜太多
3	原位单剪法	1. 直接对局部墙体施加荷载，测试结果综合反映了砂浆强度和施工质量； 2. 测试结果直观	检测建筑结构中各种墙体的抗剪强度	测试点位窗下墙体，承受反力的墙体应有足够的长度；测试点数不宜太多
4	原位单砖双剪法	1. 直接对局部墙体施加荷载，测试结果反映了砂浆强度和施工质量； 2. 测试结构较直观； 3. 试验设备较轻便	检测烧结普通砖砌体的抗剪强度；经试验验证，可用于其他砌体	当砂浆强度低于5MPa时，误差较大
5	推出法	1. 直接对局部墙体施加荷载，测试结果综合反映了砂浆强度和施工质量； 2. 试验设备较轻便	检测普通黏土砖的砂浆强度	当水平灰缝的砂浆饱满度低于65时，不宜先用此方法

序号	检测方法	特点	用途	限制条件
6	切制抗压试件法	1. 取样检测，可综合反应材料质量和施工质量； 2. 局部破损； 3. 结果不需换算系数	可检测普通砖和多孔砖砌体的抗压强度；火灾、环境侵蚀后的砌体剩余抗压强度	取样部位每侧的墙体宽度不应小于1.5m；且应为墙体长度方向的中部或受力较小的地方
7	推出法	1. 属原位检测； 2. 设备较轻； 3. 局部破损	可检测烧结普通砖、烧结多孔砖和蒸压灰砂砖或蒸压粉煤灰墙体的砂浆强度砌体的抗压强度；火灾、环境侵蚀后的砌体剩余抗压强度	当水平灰缝的砂浆饱满度低于65%时，不宜使用
8	筒压法	1. 属取样检测； 2. 局部损伤	可检测烧结普通砖和烧结多孔砖墙体中的砂浆强度	

6.8.1　砌体结构的强度检测技术分类

1. 按照对墙体的损伤程度

（1）非破损检测方法：在检测过程中，对砌体结构的既有性能没有影响。

（2）局部破损检测方法：在检测过程中，对砌体结构的承载性能有局部的、暂时的影响，但可以恢复。一般来讲局部破损法检测得到的数据要比非破损法准确一些。砖柱和宽度小于2.5m的墙体，不宜选用局部破损的检测方法。

2. 按照检测内容

（1）检测砌体抗压强度：原位轴压法、扁顶法；

（2）检测砌体工作应力和弹性模量：扁顶法；

（3）检测砌体抗剪强度：原位单剪法、原位双剪法；

（4）检测砌体砂浆强度：推出法、筒压法、点荷法、砂浆片剪切法、回弹法、点荷法、择压法。

3. 按照检测砌体强度的方法

1）直接法

直接法是直接测定砌体的某一单项强度指标。当需要砖砌体的砌体强度指标时，需要根据已经测定的指标推断并计算砌体砂浆的强度等级，并测定砌筑砖或砌块的强度等级，最后推断砌体的其他强度指标，如原位轴压法、扁顶法、原位单剪法等。

2）间接法

间接法是分别测定砌体的砌筑砂浆的强度等级以及块材的强度等级，并用检测得到的数据评定砌体的多项强度指标。目前已经有的间接法有筒压法、点荷法、回弹法等。

4. 按照监测数据取得的方式分类

（1）原位法，就是在检测现场砌体上直接测定砌体或砂浆的强度。

（2）取样法，就是从拟检测的砌体中取得不同的试样，在脱离砌体的情况下测定所需的参数。

两者相比较，原位法测定较快，但是有一些因素不易排除；取样法可以消除一些因素的影响，但是取样法的取样过程相对比较麻烦。

6.8.2　砌筑块材的检测

1. 回弹法测定砌块的强度

回弹法检测砌筑块材的基本原理与混凝土强度检测的回弹法相同。采用专门的砖块回弹仪（HT-75型）量测砌筑块材的回弹值，由砌筑块材料强度和回弹值建立相关关系方程。测试时在砌体试样上选择测区、确定测点部位和测点数量，由各测点回弹的统计值评定砌筑块材和砂浆的强度并由此判定砌体强度。

对检测批的检测，每个检测批中可布置5～10个检测单元，共抽取50～100块砖进行检测。回弹测点布置在外观质量合格砖的条面上，每块砖的条面布置5个回弹测点，测点应避开气孔，且测点之间应留有一定的间距。

以每块砖的回弹测试平均值 R_m 为计算参数，按相应的测强曲线计算单块砖的抗压强度换算值；当没有相应的换算强度曲线时，经过试验验证后，可按式（6-18）计算单块砖的抗压值（精确值小数点后一位）：

黏土砖： $f_{1,i} = 1.08 R_{m,i} - 32.5$ （6-22a）

页岩砖： $f_{1,i} = 1.06 R_{m,i} - 31.4$ （6-22b）

煤矸石砖： $f_{1,i} = 1.05 R_{m,i} - 27.0;$ （6-22c）

式中 $R_{m,i}$——第 i 块砖回弹测试平均值；

　　　　$f_{1,i}$——第 i 块砖抗压强度换算值。

2. 取样法测定砌块的强度

对既有建筑砌块强度的测定。从砌体中取出样品，清洗干净后，按照常规方法进行试验。需要注意的是如果需要依据块材的强度和砂浆的强度确定砌体的强度时，块材的取样位置应和砂浆的取样位置相对应。

取样后的块材试验方法。取10块砖做抗压强度试验，制作成10个试样。将砖样聚成两个半砖（每个半砖不小于100mm），放入室温净水中浸10～20min后取出，以断口方向相反叠放，两者之间用厚度不超过5mm的水泥净浆粘牢，上面用厚度不超过3mm的同种水泥净浆抹平，制成的试件上下两面必须相互平行并垂直于侧面。在不低于10℃的不通风的室内条件下养护三天后进行抗压试验。

块材的抗压试验前测量试件两半砖叠合部分的面积 A（mm^2），将试件平放在加压板的中央，垂直于受压面加荷载。加载时应均匀平稳，不得有冲击或振动，加荷速度控制在4～5kN/s为宜，加荷至试件破坏，最大破坏荷载 P（N），则试件 i 的抗压强度 $f_{1,i}$ 按照式（6-23）计算，并精确到0.01MPa。

$$f_{1,i} = \frac{P}{A}$$ （6-23）

然后再按照式（6-24）和式（6-25）分别计算10块式样的强度变异系数和标准差：

$$\delta = \frac{s}{f_1}$$ （6-24）

$$s = \sqrt{\frac{1}{9} \sum_{i=1}^{10} (f_{1,i} - \bar{f}_1)^2}$$ （6-25）

式中 δ——砖强度变异系数，精确到0.01；

s——10 块试样的抗压强度标准差（MPa），精确到 0.01；

$\overline{f}_1$——10 块砖试样的抗压强度平均值（MPa），$\overline{f}_1 = \dfrac{1}{10}\sum\limits_{i=1}^{10} f_{1,i}$，精确至 0.01。

转的强度标准值应按照式（6-26）计算：

$$f_{1,k} = \overline{f}_1 - 1.8s \qquad (6\text{-}26)$$

按照砖强度变异系数 $\delta \leqslant 0.21$ 或 $\delta > 0.21$，根据表 6-8 确定砌块的强度。

黏土砖的强度指标 表 6-8

强度等级	抗压强度平均值 $\overline{f}_1$	变异系数 $\delta \leqslant 0.21$	变异系数 $\delta > 0.21$
		强度标准值 $f_{1,k}$ 不小于	单块最小抗压强度值 $f_{1,min}$ 不小于
MU30	30.0	22.0	25.0
MU25	25.0	18.0	22.0
MU20	20.0	14.0	26.0
MU15	15.0	10.0	12.0
MU10	10.0	6.5	7.5

6.8.3 砂浆强度检测

测定砖砌体砂浆强度的方法可以分为取样法和原位法两大类。

1. 取样法

取样法属于间接检测，又分为筒压法、点荷法、剪切法和抗折法等。取样的部位一般在砌体角部、窗台、门口、女儿墙等比较容易取样的部位，或对砌体承载能力影响小的其他部位。

取样法的优点是检测结果精度较高。原因是，第一，可通过选择试件排除局部缺陷对检测结果的影响（局部的坑、气泡、裂纹及不饱满的影响）；第二，可消除砌体对砂浆强度检测结果的影响（如上部砖的压力及周围砖的约束力）；第三，可消除环境因素的影响（如砂浆含水率的影响）。原位法通常很难消除这些因素的影响。

2. 原位法

原位法属于直接法检测，包括回弹法、压入法和粘结法。原位法的优点是在现场直接测定，缺点是检测结果离散性大，有时还有系统误差。此外，由于砂浆硬化后表面硬度明显提高，因此与表面硬度有关的回弹法和压入法的检测结果也会存在系统偏差，而且这两种方法的测点小，局部缺陷的影响显著，检测结果的偏差大。

1）回弹法

（1）检测原理

回弹法是根据砂浆表面硬度推断砌筑砂浆立方体抗压强度的一种检测方法，是一种非破损的原位技术。砂浆强度的回弹法的原理与混凝土强度回弹法的原理基本相同，即应用回弹仪检测砂浆表面硬度，用酚酞试剂检测砂浆碳化深度，并以这两项指标换算为砂浆强度，所使用的砂浆回弹仪也与混凝土回弹仪相似。

（2）回弹法特点

操作简便，检测速度快，仪器便于携带，准备工作不多等是回弹法的优点，其缺点是检测结果有一定的偏差。测位宜选在承重墙的可测面上，并避开门窗洞口及预埋件等附近的墙体。墙面上每个测位的面积宜大于 $0.3m^2$。回弹法不适用于推定高温、长期浸水、化学侵蚀、火灾等情况下的砂浆抗压强度。

（3）设备的技术要求

砂浆回弹仪的主要技术性能指标应符合表6-9的要求，其示值系统为指针。

砂浆回弹仪技术性能指标   表6-9

项目	指标	项目	指标
冲击动能（J）	0.196	弹击球面曲率半径（mm）	25
弹击锤冲程（mm）	75	钢砧上率定平均回弹值	$R74 \pm 2$
指针滑块的静摩擦力（N）	0.5 ± 0.1	外形尺寸（mm）	60×280

（4）检测方法

在测定前应将砖墙上的抹灰铲除露出灰缝，用小砂轮将灰缝的砂浆磨平，当清水墙灰缝有水泥砂浆勾缝时，应将勾缝砂浆清除（包括原浆勾缝）。依据《砌体工程现场检验技术标准》GB/T 50315—2011，整栋建筑物划分为一个或多个可独立进行分析（鉴定）的结构单元，每个结构单元内同一材料品种、同一强度等级不超过250m³砌体为一检验单元（即一检验批）；每一楼层主体砌体还应不超250m³为一检验批。每一检验单元（检验批）不宜少于6个测区，因将单个构件（单片墙体、柱）作为测区，每个测区测位数（相当于其他检测方法的测点）不应少于5个。应仔细选择测点，砌筑砂浆应与砖粘结良好，缝厚适度（9~11mm）。每个测位内均匀布置12个弹击点。选定弹击点应避开砖的边缘、气孔或松动的砂浆。相邻两弹击点的间距应不小于20mm，在每个弹击点上，使用回弹仪连续弹击3次，第1、2次不读数，仅读取第3次回弹值，精确至1个刻度。检测过程中，回弹仪应始终处于水平状态，其轴线应垂直于砂浆表面，且不得移位。在每一测位内，选择1~3处灰缝，用游标尺和1%的酚酞试剂测量砂浆炭化深度，读数应精确至0.25mm。

从每个测位的12个回弹值中，分别剔除最大值、最小值，将余下的10个回弹值计算算术平均值，以 R 表示。每个测位的平均炭化深度，应取该测位各次测量值的算术平均值，以 d 表示，精确至0.5mm。平均碳化深度大于3mm时，取3.0mm。

第 a 个测区第 J 个测位的砂浆强度换算值，应根据该测位的平均回弹值和平均碳化深度值，分别按公式（6-23）计算：

当平均碳化深度 $d \leqslant 1.0mm$ 时：

$$f_{2ij} = 13.97 \times 10^{-5} R^{2.57} \tag{6-27a}$$

当平均碳化深度 $1.0mm < d < 3.0mm$ 时：

$$f_{2ij} = 4.85 \times 10^{-4} R^{3.04} \tag{6-27b}$$

当平均碳化深度 $d \geqslant 3.0mm$ 时：

$$f_{2ij} = 6.34 \times 10^{-5} R^{3.60} \tag{6-27c}$$

式中　f_{2ij}——第 i 个测区第 j 个测位的砂浆强度值（MPa）。

2）筒压法

（1）适用范围

本方法适用于推定烧结普通砖墙中砌筑砂浆的强度。检测时，应从砖墙中抽取砂浆试样，在试验室内进行筒压荷载试验，检测筒压比，然后换算为砂浆强度。砂浆品种及其强度范围，应符合下列要求：

① 中、细砂配制的水泥砂浆，砂浆强度为 2.5～20MPa；

② 中、细砂配制的水泥石灰混合砂浆（以下简称混合砂浆），砂浆强度为 2.5～15.0MPa；

③ 中、细砂配制的水泥粉煤灰砂浆（以下简称粉煤灰砂浆），砂浆强度为 2.5～20MPa；

④ 石灰质石粉砂与中、细砂混合配制的水泥石灰混合砂浆和水泥砂浆（以下简称石粉砂浆），砂浆强度为 2.5～20MPa。

本方法不适用于推定遭受火灾、化学侵蚀等砌筑砂浆的强度。

（2）筒压法检测设备

筒压法的主要检测设备有：承压筒（图 6-11），可用普通碳素钢或合金钢自行制作，也可用测定轻集料筒压强度的承压筒代替；50～100kN 压力试验机或万能试验机；砂摇筛机；干燥箱；孔径为 5mm、10mm、15mm 的标准砂石筛（包括筛盖和底盘）；水泥电动跳桌；称量为 1000g、感量为 0.1g 的托盘天平。

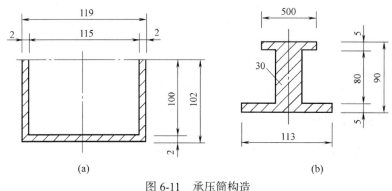

图 6-11　承压筒构造

（a）承压筒剖面；（b）承压盖剖面

（3）筒压法检测方法

在每一测区，从距墙表面 20mm 以内的水平灰缝中凿取砂浆约 4000g，其最小厚度不得小于 5mm。取样的具体数量，可视砂浆强度而定，高者可少取，低者宜多取，以足够制备 3 个标准试样并略有富余为准。各个测区的砂浆样品应分别放置并编号，不得混淆。使用手锤击碎样品，筛取 5～15mm 的砂浆颗粒约 3000g，在 105℃的温度下烘干至恒重，待冷却至室温后备用。每次取烘干样品约 1000g，置于孔径 5mm、10mm、15mm 标准筛所组成的套筛中，机械摇筛 2min 或手工摇筛 1.5min。称取粒级 5～10mm 和 10～15mm 的砂浆颗粒各 250g，混合均匀后即为一个试样。共制备三个试样。每个试样应分两次装入承压筒。每次约装 1/2，在水泥电动跳桌上跳振 5 次。第二次装料并跳振后，整平表面，安上承压盖。如无水泥跳桌，可按照砂、石紧密体积密度的试验方法颠击密实。

将装料的承压筒置于试验机上，盖上承压盖，开动压力试验机，应于 20～40s 内均匀加荷至下面规定的筒压荷载值后，立即卸荷。不同品种砂浆的筒压荷载值分别为：水泥砂浆、石粉砂浆为 20kN；水泥石灰混合砂浆、粉煤灰砂浆为 10kN。将施压后的试样倒入由孔径为 5mm 和 10mm 标准筛组成的套筛中，装入摇筛机摇筛 2min 或人工摇筛 1.5min，筛至每隔 5s 的筛出量基本相等。称量各筛筛余试样的重量（精确至 0.1g），各筛的分计筛余量和底盘剩余量的总和，与筛分前的试样重量相比，相对差值不得超过试样重量的 0.5%；当超过时，应重新进行试验。

3）数据处理

标准试样的筒压比，应按式（6-28）计算：

$$T_{ij} = \frac{t_1 + t_2}{t_1 + t_2 + t_3} \tag{6-28}$$

式中　T_{ij}——第 i 个测区中第 j 个试样的筒压比，以小数计；

t_1、t_2、t_3——分别为孔径 5mm、10mm 筛的分计筛余量和底盘中剩余量。

测区的砂浆筒压比，应按式（6-29）计算：

$$T_i = \frac{T_{i1} + T_{i2} + T_{i3}}{3} \tag{6-29}$$

式中　T_i——第 i 个测区的砂浆筒压比平均值，以小数计，精确至 0.01；

T_{i1}、T_{i2}、T_{i3}——分别为第 i 个测区三个标准砂浆试样的筒压比。

根据筒压比，测区的砂浆强度平均值应按公式（6-30）~式（6-29）计算：

$$f_{2,i} = 34.58\,(T_i)^{2.06}\quad（水泥砂浆）\tag{6-30}$$

$$f_{2,i} = 6.1\,(T_i) + 11\,(T_i)^2\quad（水泥石灰砂浆）\tag{6-31}$$

$$f_{2,i} = 2.52 - 9.4\,(T_i) + 32.8\,(T_i)^2\quad（粉煤灰砂浆）\tag{6-32}$$

$$f_{2,i} = 2.7 - 13.9\,(T_i) + 44.9\,(T_i)^2\quad（石灰砂浆）\tag{6-33}$$

6.8.4　砂浆强度值的确定

以上方法得到的是某测区砂浆的强度值和平均值，要得到砂浆强度标准值还应进行强度推定：

当测区数 $n_2 \geqslant 6$ 时：

$$f_{2,\mathrm{m}} > f_2 \tag{6-34}$$

$$f_{2,\mathrm{min}} > 0.75 f_2 \tag{6-35}$$

式中　$f_{2,\mathrm{m}}$——同一检测单元，按测区统计的砂浆抗压强度平均值（MPa）；

f_2——砂浆推定强度等级所对应的立方体抗压强度值（MPa）；

$f_{2,\mathrm{min}}$——同一检测单元，测区砂浆抗压强度的最小值（MPa）。

当测区数 $n_2 < 6$ 时：

$$f_{2,\mathrm{min}} > f_2 \tag{6-36}$$

当检测结果的变异系数 $\delta > 0.35$ 时，应检查检测结果离散性较大的原因，若系检测单元划分不当，宜重新划分，并可增加测区数进行补测，然后重新推定。变异系数的计算方法与砖强度测定中变异系数计算方法一致，即：

$$\delta = \frac{s}{f_{2,\mathrm{m}}} \tag{6-37}$$

$$s = \sqrt{\frac{1}{n_2 - 1} \sum_{i=1}^{n_2} (f_{2,\mathrm{m}} - f_{2,i})^2} \tag{6-38}$$

有了砌筑砂浆的强度等级，就可依据《砌体结构设计规范》GB 50003—2011 得到砖砌体的轴心抗拉强度（沿齿缝）、弯曲抗拉强度（沿齿缝和沿通缝）和抗剪强度的设计值。当砖的强度等级知道后就可得到砖砌体抗压强度的设计值。

当遇到砌筑砂浆不饱满时，应考虑因砂浆不饱满造成的设计强度折减。砌体强度设计值折减系数见表 6-10。当砂浆不饱满程度介于表中给定值之间时，可按线性插值法计算相应的折减系数。

砌体强度设计值折减系数   表 6-10

砂浆饱满度（%）	50	75	80
折减系数	0.60	0.97	1.00

6.8.5 砌体强度检测

砌体强度检测可分为砌体抗压强度检测和砌体抗剪强度检测，可采用取样的方法或现场原位的方法检测。取样法是从砌体中截取试件，在试验室测定试件的强度。原位法是在现场测试砌体的强度。砌体抗压强度检测方法主要有：扁顶法、原位轴压法和切制抗压试件法；砌体抗剪强度检测法主要有：原位单剪法、原位双剪法等。

1. 扁顶法

扁顶法的试验装置是由扁式液压加载器（图 6-12）及液压加载系统组成（图 6-13）。试验时在待测砌体部位按所取试样的高度在上下两端垂直于主应力方向沿水平灰缝将砂浆掏空，形成两个水平空槽，并将 2 个扁式液压千斤顶安装在砌体的上下两条水平灰缝的空槽内。用手动液压油泵对扁式液压加载器供油，使千斤顶之间的砌体产生压力，随着压力的增加，试件受载增大，直到开裂破坏。

用扁式加载器的压应力值经修正后，即为砌体的抗压强度。扁顶法除了可直接测量砌体强度外，当在被试砌体部位布置应变测点进行应变量测时，尚可测量开槽释放应力、砌体的应力-应变曲线和砌体原始主应力值。

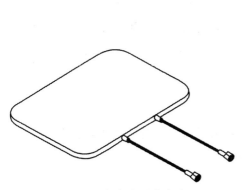

图 6-12 扁式液压千斤顶

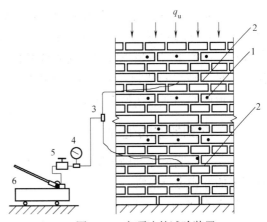

图 6-13 扁顶法的试验装置

1—变形测点脚标；2—扁式液压加载器；3—三通接头；
4—液压表；5—溢流阀；6—手动油泵

2. 原位轴压法

原位轴压法的试验装置由扁式加载器、自平衡反力架和液压加载系统组成，如图 6-14 所示。测试时先在砌体测试部位垂直方向按试样高度上下两端各开凿一个相当于扁式加载器尺寸的水平槽，在槽内各嵌入一扁式加载器，并用自平衡拉杆固定。也可一个用加载器，另一个用特制的钢板代替。通过加载系统对砌体分级加载，直到试件受压并裂破坏，求得砌体的极限抗压强度。目前较多采用在被测砌体上下端各开 240mm×240mm 方孔，内嵌自平衡加载架及扁千斤顶直接对砌体加载。

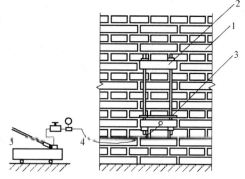

图 6-14　原位轴压法的试验装置
1—墙体；2—自平衡反力架；3—扁式加载器；
4—油管；5—加载油泵

扁顶法与原位轴压法在原理上是完全相同的，都是在砌体内直接抽样，测得破坏荷载，并按公式（6-33）计算砌体轴心抗压强度：

$$f = \frac{F}{A \cdot K} \tag{6-39}$$

式中　f——砌体轴心抗压强度；

F——试样的破坏荷载；

A——试样的截面尺寸；

K——对应于标准试件的强度换算系数。

在上述两种试验方法中，影响轴压强度测试结果的主要因素是试样上部压应力 σ_0 和两侧砌体对被测试样的约束。上述公式中的系数 K 是上部压应力 σ_0 的函数：

$$K = a + b\sigma_0 \tag{6-40}$$

式中，a、b 系数值可通过试验得到。

现场实测时，对于 240mm 墙体试样尺寸其宽度可与墙厚相等，高度为 420mm（约 7 皮砖）；对于 370mm 墙体，宽度为 240mm，高度为 480mm（约 8 皮砖）。

砌体原位轴心抗压强度测定法是在原始状态下进行检测，砌体不受扰动，所以它可以全面考虑砖材和砂浆变异及砌筑质量等对砌体抗压强度的影响，这对于结构改建、抗震修复加固、灾害事故分析以及对已建砌体结构的可靠性评定等尤为适用。此外，由于这种方法是一种半破损的试验方法，以局部破损应力作为砌体强度的推算依据，结果较为可靠，而且所造成的局部损伤易于修复。

6.8.6　检测数据的处理

每一个检测单元的砌体抗压强度标准值或砌体沿通缝截面的抗剪强度标准值，应分别按以下的方式进行推定。

1. 当测区 $n_2 \geqslant 6$ 时

$$f_k = f_m - k \cdot s \tag{6-41}$$

$$f_{v,k} = f_{v,m} - k \cdot s \tag{6-42}$$

式中　f_k——砌体抗压强度标准值（MPa）；

    f_m——同一检测单元的砌体抗压强度平均值（MPa）;

   $f_{v,k}$——砌体抗剪强度标准值（MPa）;

  $f_{v,m}$——同一检测单元的砌体沿通缝截面的抗剪强度平均值（MPa）;

     k——与 α、C、n_2 有关的强度标准值计算系数，见表6-11;

     α——确定强度标准值所取得概率分布下分位数，按照标准取 $\alpha = 0.05$;

    C——置信水平，取 $C = 0.60$;

     s——同一检测单元的强度标准方差。

计算系数   表 6-11

n_2	5	6	7	8	9	10	12	15
k	2.050	1.947	1.908	1.880	1.858	1.841	1.816	1.790
n_2	18	20	25	30	35	40	45	50
k	1.773	1.764	1.748	1.736	1.728	1.721	1.716	1.712

  2. 当测区数 $n_2 < 6$ 时

$$f_k = f_{mi,\,min} \qquad\qquad (6\text{-}43)$$

$$f_{v,k} = f_{vi,\,min} \qquad\qquad (6\text{-}44)$$

式中 $f_{mi,\,min}$——同一检测单元中，测区砌体抗压强度的最小值（MPa）;

       $f_{vi,\,min}$——同一检测单元中，测区砌体抗剪强度的最小值（MPa）。

  每一检测单元的砌体抗压强度或抗剪强度，当检测结果的变异系数 δ 分别大于 0.2 或 0.25 时，不宜直接按式（6-41）或式（6-42）计算。此时应检查检测结果离散性较大的原因，若查明系混入不同总体的样本所致，宜进行统计，并分别按式（6-41）~式（6-44）确定标准值。各种检测强度的最终计算或推定结果均应精确至 0.01MPa。

本章小结

  （1）混凝土结构的检测可分为混凝土强度、混凝土构件外观质量与内部缺陷、尺寸偏差、钢筋位置及锈蚀等内容，以及结构构件性能的静力或动力测试。目前广泛采用超声回弹综合法、钻芯法和拔出法验证上述方法的检测结果。

  （2）钢结构检测是指钢结构与钢构件质量或性能的检测，可分为钢结构材料性能、连接，构件尺寸偏差、变形与损伤等检测工作。钢结构的检测主要针对结构布置、连接构造及变形等方面。

  （3）砌体结构的检测可分为砌筑块材、砌筑砂浆、砌体强度、砌筑质量与构造及损伤与变形等项工作。在进行砌体结构的可靠性鉴定时，应对构件的正常使用功能进行评定，即按承载能力、裂缝、变形及构造四个项目进行评价。常用检测方法主要有原位轴压法、扁顶法、原位单剪法等。

思考与练习题

6-1　混凝土结构检测包括哪些内容?

6-2　回弹仪的工作原理是什么?回弹仪如何进行标定?

6-3　回弹法检测单元、测区和测点概念上有何区别?

6-4　混凝土强度检测方法有哪几种?各自原理、优点及缺点是什么?

6-5　如何进行混凝土结构裂缝的检测?

6-6　混凝土内部缺陷如何检测?举例说明。

6-7　混凝土中钢筋检测主要有哪些内容?分别采用哪些方法?

第7章　建筑结构试验科研示例

本章要点及学习目标

本章要点：

本章通过试验实例系统介绍了与试验测试有关的试件设计、加载方案、数据测量和分析等试验方案的全过程；重点讲述试件设计、加载和测量方案以及数据的分析表达方式。

学习目标：

掌握试验方案的制定包含内容和程序，掌握试验加载制度和测试仪表的布设；熟悉试验数据处理和表达的方式，掌握数据分析和图表表达的方法。

7.1　钢筋混凝土连续梁调幅限值的试验研究（试验1）

7.1.1　试验目的

（1）探讨不同截面压区高度系数 ζ 对调幅限值的影响；

（2）研究不同调幅对连续梁挠度及裂缝宽度的影响。

7.1.2　试件设计

做6根不同 ζ 和不同 δ（弯矩调幅值）的两跨连续梁，按实际的材料强度及几何尺寸算得 ζ 和 δ 的值见表7-1。试件截面尺寸及加载图形见图7-1。

试件一览表　　　　　　　　　　　　　　　　表 7-1

梁号	B_1	B_2	B_3	B_4	B_5	B_6
ζ	0.272	0.253	0.206	0.173	0.087	0.070
δ（%）	8.6	17.9	23.6	25.2	25.0	57.6

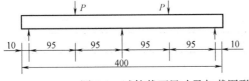

图 7-1　试件截面尺寸及加载图形

按调幅后的弯矩图来设计跨中和中间支座截面的配筋。为防止试件剪切破坏，箍筋比按规范计算的配箍量有所增加，为避免受压钢筋对中间支座截面塑性转动产生影响，试件下部钢筋在通过中间支座时向上弯起（图 7-2 和表 7-2）。

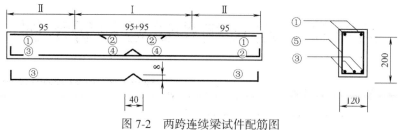

图 7-2　两跨连续梁试件配筋图

钢筋表　　　　表 7-2

梁号	①	②	③	④	⑤	箍筋间距
B_1	2Φ14	1Φ14	2Φ16	2Φ6	Φ6	（Ⅰ）@100（Ⅱ）@150
B_2	2Φ16		2Φ18	2Φ10	Φ6	（Ⅰ）@100（Ⅱ）@150
$B_{3,4}$	2Φ16		2Φ16 1Φ12	2Φ8	Φ6	（Ⅰ）@100（Ⅱ）@150
B_5	2Φ10		2Φ12	2Φ6	Φ6	（Ⅰ）@100（Ⅱ）@150
B_6	2Φ10		3Φ12	2Φ6	Φ6	（Ⅰ）@150（Ⅱ）@150
钢筋简图	396	80	178 178	80	▯	

7.1.3　试件制作

采用强度等级为 C25 的混凝土，配比为水泥：砂：石＝ 1：1.55：3.65，矿渣水泥；碎卵石粒径为 0.5～2.0cm。钢筋如图 7-2 所示。模板为钢模，采用自然养护。与试件制作同时，每一试件分别留有 15cm×15cm×15cm 的立方体试块和三个 10cm×10cm×30cm 的棱柱体试块，受力主筋也分别留有试样以测定材性。

7.1.4　仪表布置

图 7-3 为仪器仪表布置图，表 7-3 为仪器仪表布置说明。此外，用放大镜及最小刻度 1/20mm 的刻度放大镜观察裂缝的开展情况及量测裂缝宽度。

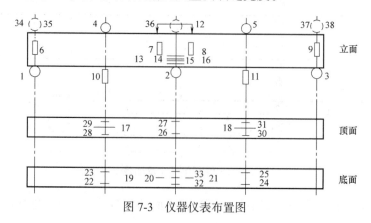

图 7-3　仪器仪表布置图

仪器仪表布置　　表 7-3

测点号	仪表名称	量测内容
1～5	测力传感器	绘制 P-M 图，了解内力重分布的过程
6～9	倾角传感器	量测边支座截面及中支座截面两侧的转角
10～11	位移传感器	量测跨中截面挠度
12	曲率仪（$L = 250$mm）	量测中支座两侧 250mm 范围内的平均曲率
12～16	电阻应变片（$L = 100$mm）	量测中支座截面压区高度
17～18	电阻应变片（$L = 100$mm）	量测跨中截面压区混凝土应变
19～21	电阻应变片（$L = 40$mm）	量测中支座截面处压区混凝土应变分布情况
22～27	电阻应变片（$L = 5$mm）	量测跨中及中支座截面受拉钢筋应变
28～33	电阻应变片（$L = 5$mm）	量测跨中及中支座截面受压钢筋应变
34～38	百分表	量测支座沉降

7.1.5 试件中座、安装及加载

试验时的支座及加载装置如图 7-4 所示，中间支座下设有可调节高度的密纹螺栓。试件就位后用水准仪观察调节三个支座的水平度，尽可能使三者位于同一水平。然后少量加载，量测支座反力的分布，通过中间支座下的螺栓，调节中间支座高度直到三个支座反力的比例符合弹性计算时支座反力的比例时为止。

采用油压千斤顶加载，两个千斤顶用同一油泵以保证同步，各梁以极限荷载的 1/15～1/12 分级加载，每级荷载间的间隔时间为 5min，当中间支座及跨中都出现塑性铰后，连续加载直至破坏。

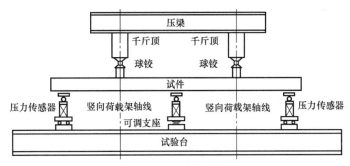

图 7-4　支座及加载装置

7.1.6 试验结果

1. 破坏特征与极限承载力

中间支座及跨中最大弯矩截面破坏时均为拉筋屈服和压区混凝土压碎，图 7-5 为六根梁中 B_1、B_2 的裂缝分布及破坏形态图。表 7-4 为各梁的计算极限弯矩（按照实际的截面尺寸及材料强度计算）及实测极限弯矩（由实测反力及荷载值算出）。

2. 测试记录

实测荷载-弯矩（P-M）曲线、荷载-挠度（P-ω）曲线、荷载-裂缝宽度（P-c）曲线，荷载-钢筋应变（P-ε_g）曲线、荷载-混凝土压应变（P-ε_h）曲线以及使用荷载下裂

缝宽度 - 弯矩调幅（c-δ）和压区高度系数 - 弯矩调幅（ζ-δ）的散点图如图 7-6～图 7-12
所示。

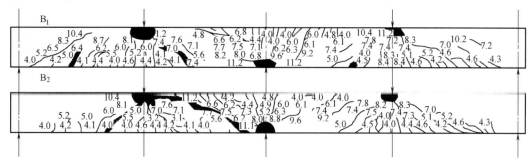

图 7-5　裂缝分布及破坏形态图

计算及实测极限弯矩　　　　　　　　　　　　表 7-4

梁号	跨中极限弯矩（kN・m）			支座极限弯矩（kN・m）		
	M_c	M_T	M_T/M_c	M_c	M_T	M_T/M_c
B_1	28.0	30.1	1.08	29.2	31.9	1.09
B_2	32.8	34.8	1.06	33.9	33.9	1.16
B_3	36.7	38.9	1.06	33.0	33.0	1.12
B_4	38.0	39.2	1.03	36.0	36.0	1.22
B_5	18.6	21.7	1.17	14.7	14.7	1.00
B_6	27.9	28.3	1.01	13.4	13.4	1.26

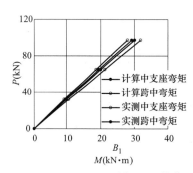
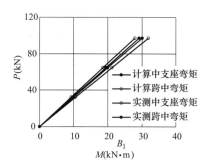

图 7-6　荷载 - 弯矩（P-M）曲线

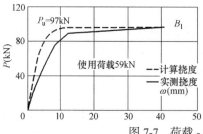
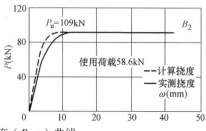

图 7-7　荷载 - 挠度（P-ω）曲线

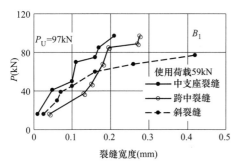
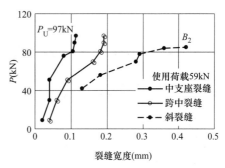

图 7-8　荷载 - 裂缝宽度（P-c）曲线

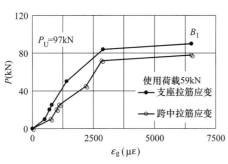
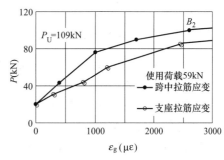

图 7-9　荷载 - 钢筋应变（P-ε_g）曲线

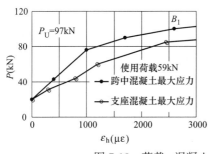
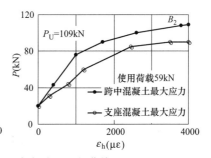

图 7-10　荷载 - 混凝土压应变（P-ε_h）曲线

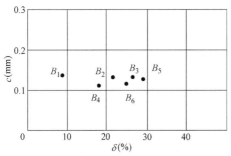
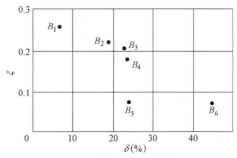

图 7-11　裂缝宽度 - 弯矩调幅（c-δ）关系　　图 7-12　压区高度系数 - 弯矩调幅值（ξ-δ）关系

7.2　框筒结构动力分析方法的模型试验研究（试验2）

7.2.1　试验目的及试验内容

1. 试验目的

验证用样条有限条法计算框筒结构动力性能的正确性。

2. 试验内容

（1）用传递函数法确定模型结构的动力模态参数。

（2）测定模型结构在地震荷载下的动力反应。

7.2.2　试件及仪表布量

框筒结构动力分析方法的模型试验研究是弹性模型试验，模型共计11层，平面形状是边长为10cm的六边形，每层高10cm，模型总高110cm。模型中央为一壁厚为5mm的筒体，筒体平面形状为边长50mm的正方形，楼板厚度3mm，模型与实际结构的比例约为1/25，详细尺寸从略。

模型材料为有机玻璃，试验装置及仪表布置见图7-13。传感器为压电晶体式加速度计，4线磁带记录仪记录，重要测点同时用光线示波器记录以便实时监测试验情况。

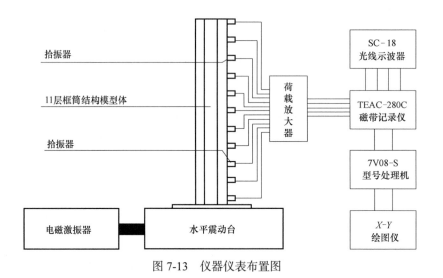

图 7-13　仪器仪表布置图

7.2.3　试验步骤

试验用两种激振方法分别激振：

（1）在电磁振动台上进行白噪声激振以取得框筒模型在水平方向的固有频率、阻尼和振型等振动模态参数。

（2）通过振动台输入1940EL-CentroNS地震波以取得框筒模型在地震作用下的动力反应。

7.2.4 试验数据处理及结果

由白噪声激振得到的磁带记录经 500 周滤波器滤波后送入 7T08 信号处理机进行数据处理。采样时间间隔 Δt 为 10^{-3}s；采样段数 q 为 30，窗函数处理方式为汉宁窗。

1. 自振频率

因输入信号为白噪声，可近似地在响应信号的记录曲线图上直接利用峰值法确定结构的各阶自振频率。考虑到顶层的响应信号较强，取顶层的加速度记录作自功率谱函数和自谱图（图 7-14）。图上与各峰值点（如前 5 阶）对应的频率即为各阶固有频率。计算与实测的频率比较见表 7-5 和图 7-15。

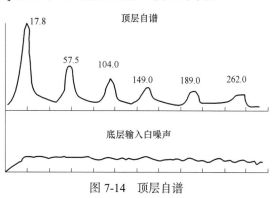

图 7-14 顶层自谱

计算频率与实测频率（单位 Hz） 表 7-5

阶次	弯曲		
	实测	计算	误差
1	17.5	17.3	−1.1%
2	57.5	53.2	−7.4%
3	104.0	94.9	−9.1%
4	149.0	135.0	−9.5%
5	189.0	176.0	−7.0%

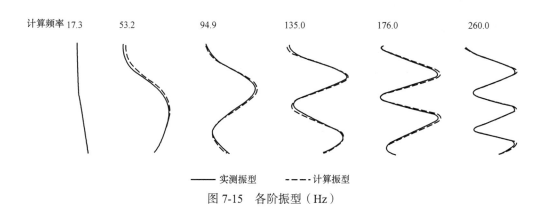

——— 实测振型　　- - - - 计算振型

图 7-15 各阶振型（Hz）

2. 振型

计算各楼层的响应信号相对于底层输入信号的相干函数 $r_{xy}(f)$ 和传递函数，取其中 $r > 0.9$ 的数据并作图（图 7-16）。在 $H(\omega)$ 和 $\varphi(\omega)$ 图上根据各层测点在同一频率下的振幅和相位，即可确定各阶振型。作相干函数是为了判别各层响应信号是否由输入激励信号产生的无干扰输出。

3. 确定模态阻尼比

由于输入信号的谱为白噪声，记录时间也足够长，因此，利用半功率点法，直接在频谱图上各峰值处计算确定阻尼比。

4. 输入地震波后结构的反应

各层加速度反应如图 7-16 所示，可以看出，随着层次的增高，反应愈加强烈。

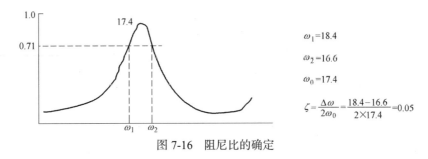

$$\omega_1 = 18.4$$
$$\omega_2 = 16.6$$
$$\omega_0 = 17.4$$
$$\zeta = \frac{\Delta\omega}{2\omega_0} = \frac{18.4 - 16.6}{2 \times 17.4} = 0.05$$

图 7-16　阻尼比的确定

本章小结

本章通过试验实例介绍了建筑结构静载和动载测试中与试验方案制定有关的试件设计、加载设计、仪器布设、数据处理等试验全过程，学习本章后应熟悉结构静载测试的各个环节，掌握试验测试中常用的仪器布设、加载测试方法及数据的分析表达。

思考与练习题

7-1　建筑结构静载测试的方案制定包含哪些内容？

7-2　简述建筑结构静载测试的加载程序。

7-3　钢筋混凝土结构受弯试验的主要测量项目有哪些？

7-4　说明钢筋混凝土结构裂缝测量的常用方法。

7-5　简述阻尼比的测试方法。

第8章 土木工程试验中的虚拟仿真技术

本章要点及学习目标

本章要点：

本章主要介绍了土木工程虚拟仿真试验的特点，并通过虚拟仿真试验案例详细阐述了虚拟仿真试验所涉及的虚拟仪表操作、试验数据处理和试验报告生成等试验内容的全过程。

学习目标：

（1）熟悉土木工程虚拟仿真试验的特点，掌握虚拟仿真技术用于土木工程试验的虚拟仪表的操作流程和数据采集、处理、报告生成等虚拟试验的方法。

（2）了解虚拟仿真技术的发展现状，熟悉虚拟仿真技术在大型土木工程结构试验中的应用特点。

8.1 虚拟仿真技术在土木工程结构试验中的应用

8.1.1 土木工程结构试验的特点

土木工程专业的试验与其他专业有所不同，往往具有以下5个特点：

1. 试验费用昂贵

土木工程专业建造对象包括房屋、道路、隧道、桥梁、堤坝、给水排水以及防护工程等。中国第一跨海大桥港珠澳大桥主桥长29.6km，中国第一高楼上海中心大厦总高632m，进行这些建筑的实体试验几乎是不可能的，即使是进行缩尺试验，对于普通学校而言，仍然难以实现。

2. 建造周期过长

钢筋混凝土结构的施工周期一般较长，我国港珠澳大桥耗时近10年才完成，一幢普通的住宅小区最快也需要1年的工期，学生在认识实习和生产实习的过程中很难了解全部的建设过程。

3. 试验不可逆

土木工程结构试验很多都是破坏性试验，结构一经损坏，无法重复使用，这就对试验的设计有极高的要求，不能出现任何偏差。

4. 危险系数高

工程结构试验很多都是脆性破坏，例如钢筋混凝土超筋梁和少筋梁的正截面受弯性能试验，此类试验破坏较突然，学生的试验安全教育显得十分重要。

5. 试验难度大

实际生活中工程结构面临的环境十分复杂，例如风荷载，需要通过风洞试验进行模拟，这类试验操作难度较高，限于理论知识的匮乏，本科生往往难以达到试验准入要求。

8.1.2　虚拟仿真技术的发展

经济和技术的高速发展为土木工程科技提供了优良的发展环境。目前，土木工程领域信息化与集成环境的研究与技术竞争已经在全球展开。虚拟现实技术是综合性与集成性极强的高新技术，在航空航天、军事、医学、设计、艺术、文化娱乐等多个领域都得到了广泛的应用。

对建立用户能够沉浸其中、超越其上、自如实时交互的多维信息系统的追求，推动了虚拟现实技术在土木工程中发展和应用。土木工程中的虚拟现实技术涉及土木工程领域的各个学科，现已显示出一定的实用性，技术潜力巨大，应用前景非常广阔。

8.1.3　土木工程虚拟仿真试验的特点

虚拟仿真试验实训教学形式生动化、立体化，能使抽象试验过程生动展现，教师可以结合实际教学需要，充分发挥虚拟仿真试验室的环境安全性和资源可重复使用的优势。土木工程虚拟仿真试验具有如下 5 个特点：

1. 仿真性

在虚拟现实技术支持下，虚拟培训设施与真正的培训设施功能相同，操作方法也一样，学员通过虚拟培训设施训练技能，和在现实培训基地里同样方便。

2. 开放性

虚拟教育培训环境有可能给任何受训者，在任何地点、任何时间里广泛地提供各种培训的场所。

3. 超时空性

虚拟教学培训环境能够将过去世界、现在世界、未来世界、微观世界、宏观世界、宇观世界、客观世界、主观世界、幻想世界等拥有的物体和发生的事件单独呈现或进行有机组合，并可随时随地提供给学员进行培训。

4. 可操作性

受训者可通过使用专门设备，用人类的自然技能实现对虚拟环境（无论它模拟的是真实环境还是想象环境）的物体或事件进行操作，就像在现实环境里一样。

5. 联系性

学员的培训内容与虚拟环境是密切联系的，能为受训者设定各种复杂的情况，以提高受训者的应变能力；虚拟现实技术能按每个学员的基础和能力，对应性地开展个别化的教育培训。

8.1.4　虚拟仿真技术在工程结构试验中的应用

工程结构在各种荷载作用下的反应，其破坏特征和极限承载力是人们所关心的。当结构形式特殊，荷载及材料特性复杂时，人们往往求助于模型试验来测定其受力性能，但模型试验往往受到场地和设备的限制，只能做小比例模型试验，难以完全反映结构的实际情况。若用计算机仿真技术，则可以进行足尺寸的试验，还可以很方便地修改参数。此外，有些结构难于进行直接试验，用计算机模拟仿真就更能体现出优越性，如核反应堆安全壳事故反演分析、汽车高速碰墙的检验试验、地震作用下的构筑物倒塌分析等只有采用计算机模拟仿真，分析才能大量进行。又如在高速荷载作用下，结构反应很快，人们在真实试验中只能观察到最终结果，而不能观察试验的全过程。如果采用计算机模拟仿真试验，则可观察其破坏的全过程，便于破坏机理的研究。对于长期的徐变过程则可在模拟中加快其变化过程，让人们清楚地看到其过程。

8.1.5　虚拟仿真技术在大型结构风洞试验中的应用

在土木工程中，重要结构，如电视塔、大型桥梁、超高层建筑、过街楼等，通常要进行风洞试验。为了观察空气在建筑物中或建筑物间运动状况，也采用烟雾气体的方法，使科学家能够直接观察到气体的运行状况。

但是，进行传统的风洞试验需要采用实物模型。这种方法的缺点是：制作模型既费时又昂贵；由于模型通常比实物小，这就使试验存在着一定的误差；另外，人无法在近距离观察试验情况（因为这样将影响到试验结果），这就给试验数据的获取造成了一些麻烦，从而会加大试验的误差。

虚拟现实技术可以克服传统的可视化计算中存在的这些缺点。虚拟的风洞可以让工程师看到模拟的空气流场，使其感到好像真的站在风洞里一样。虚拟风洞的目的是让工程师分析多漩涡的复杂三维性质和效果，空气循环区域被破坏的乱流等。而这些分析利用通常的数字仿真是很难实现可视化的，利用虚拟现实技术可以很好地解决这个问题。例如，可以将一个建筑的 CAD 模型数据调入该虚拟风洞进行性能分析，为了分析空气流模式可以往空气流中注入轨迹追踪物，该追踪物将随气流漂移，并将其运动轨迹显示给工程师。追踪物可以通过数据手套任意指向指定的位置，工程师可以从任意角度观察其运动轨迹，以得出满意的答案。

8.1.6　虚拟仿真技术在结构试验有限元分析中的应用

在运用传统的有限元法进行结构分析时，结构应力的结果通常采用内力图等力线的形式描绘出来，给人以直观的印象。利用虚拟现实技术则可以通过颜色的深浅给出三维物体中各点力的大小，用不同颜色表示出不同的等力面；也可以任意变换角度，从任何点去观察；还可以利用 VR 的交互性能，实时修改各种数据，以便对各种方案及结果进行比较。这样就使工程师的思维更加形象化，概念更易于理解。

超高层、超大跨度建筑和特大跨度桥梁这些超大型复杂结构的设计、工程控制和施工控制需要进行多次的结构重分析。如对斜拉桥和大型连续梁桥的理想后退分析、实时前进分析等。分析之前，首先要建立有限元结构分析总模型和施工阶段模型，其中包括单元拓扑结构、节点信息、刚度数据、材料特性、边界支持条件、荷载分布等。把可视化计算技术应用于这些超大型复杂结构的设计、工程控制和结构分析中，将增强计算软件的前后置处理能力。例如，在桥梁工程控制和结构分析的可视化计算中，倒退（拆）分析结构倒拆动态演示、结构理想施工线型显示、施工阶段主梁形心线的设计曲线和实测拟合曲线的显示、前进分桥结构拼装动态演示、施工预告图形显示、主梁内力图显示、危险截面应力分布图显示等。

更重要的是能借助图形或图像来进行实时动态地控制结构的重分析和获取施工控制数据，同时能实时动态演示和控制设计和施工的过程。

8.2　钢筋混凝土梁正截面受弯性能虚拟仿真试验

8.2.1　系统简介

以钢筋混凝土梁正截面受弯性能虚拟仿真试验为例，该系统为 Web 端 B/S 架构程序，可在微软 Windows 操作系统下被远程／本地访问，支持但不限于 Windows XP 专业版 32 位、WIN7 旗舰版 32 及 64 位环境，人机交互界面采用 Windows 操作风格，对控制、命令和输入方法都进行了规范化，从而使操作者易于使用，经过简单的培训就可上机操作。

8.2.2　试验目的

（1）掌握钢筋混凝土简支梁静力加载试验方法；

（2）掌握各仪器仪表的使用方法；

（3）观察梁在分级加载过程中的破坏过程；

（4）校核简支梁的强度和刚度、钢筋应力变化情况、中性轴位置的改变情况、裂缝及挠度的发展情况等。

8.2.3　虚拟仿真试验步骤

完成安装后就可以运行虚拟仿真软件了，双击打开 OBE\DPSP\tools 目录下的菜单名称，弹出启动窗口（图 8-1），选择"钢筋混凝土梁正截面弯曲的虚拟仿真试验"，点击启动按钮，启动对应试验项目的虚拟仿真试验。

图 8-1　启动窗口

1. 点击"操作指引"按钮

界面窗口如图 8-2 所示。

图 8-2　界面窗口

2. 点击"设备操作演示"按钮

查看"加载组装动画""支座功能演示"视频，如图 8-3 所示。

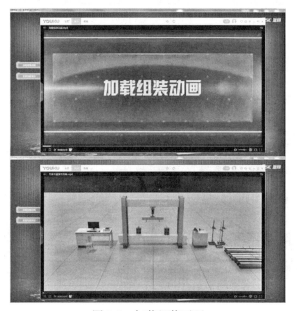

图 8-3　加载组装画面

3. 点击"相关测试技术"按钮

查看"应变测试原理""应变片粘贴""砼梁浇筑"等，测试画面如图 8-4 所示。

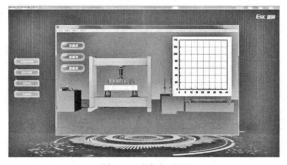

图 8-4　测试画面

4. 点击"解析解仿真"按钮

查看"解析解仿真"内容，如图 8-5 所示。

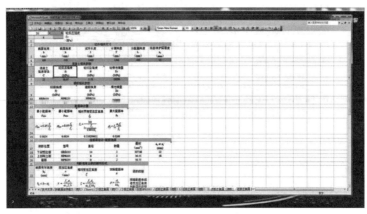

图 8-5　解析画面

5. 点击"有限元仿真"按钮

画面如图 8-6 所示。

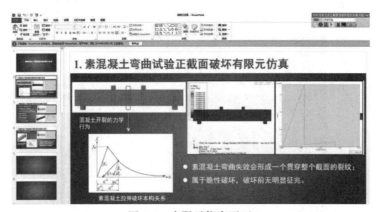

图 8-6　有限元仿真画面

6. 点击"半实物仿真"按钮

查看"半实物仿真"内容，画面如图 8-7 所示。

图 8-7　半实物仿真画面

7. 点击"开始试验"按钮

查看"砼梁弯曲试验"内容。

1）看评分文件

在进行试验操作前，各项操作评分均为 0 分。试验操作步骤按照评分文件提示操作顺序进行，评分画面如图 8-8 所示。

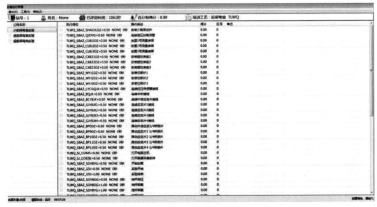

图 8-8　评分画面

2）安装试验梁

如图 8-9 所示，鼠标右键单击少筋梁、适筋梁、多筋梁中的任意一个，如弹框"安装少筋梁试件"，左键单击"安装少筋梁试件"，对应的试验梁被安装到试验设备上。也可其中一个梁的试验全部完成后，继续安装另一个梁，接着进行该梁的试验。

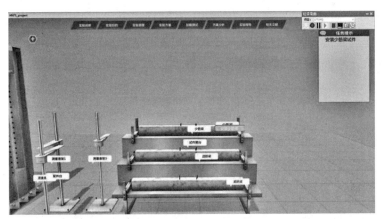

图 8-9　安装少筋梁试件画面

3）连接液压加载油管

鼠标右键单击液压加载缸的油管连接口，如图 8-10 所示，弹框"连接油管"，左键单击"连接油管"，油管被连接。

4）安装测量表架

鼠标右键单击任意一个测量表架，弹框"安装测量表架"，如图 8-11 所示。左键单击"安装测量表架"，测量表架被安装到试验设备上，依次安装三个测量表架。

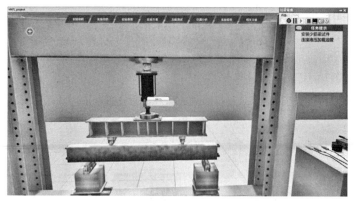

图 8-10　连接油管

图 8-11　安装测量表架

5）安装磁性表座

鼠标右键单击任意一个磁性表座，弹框"安装磁性表座"，如图 8-12 所示。左键单击
"安装磁性表座"，磁性表座被放置到试验设备上，依次安装三个磁性表座。

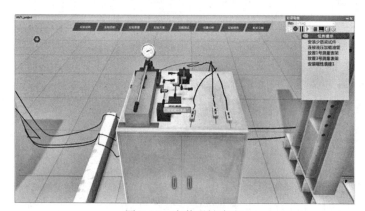

图 8-12　安装磁性表座

6）安装位移计

鼠标右键单击任意一个位移计，弹框"安装位移计"，如图 8-13 所示。左键单击"安
装位移计"，位移计被放置到试验设备上，依次安装三个位移计。

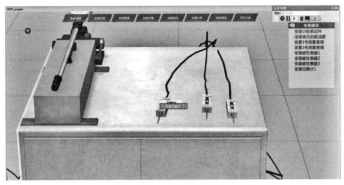

图 8-13　安装位移计

7）连接拉压传感器接线

鼠标右键单击数据采集仪的 1 号通道接口，弹框"连接拉压传感器"，如图 8-14 所示。左键单击"连接拉压传感器"，拉压传感器接线被接上。

图 8-14　连接拉压传感器

8）连接位移计半桥接线

鼠标右键单击数据采集仪上部的补偿接口半桥接线位置，弹框"半桥接线"，左键单击"半桥接线"，位移计半桥接线被接上，如图 8-15 所示。

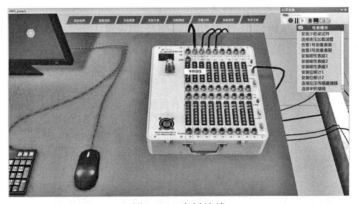

图 8-15　半桥接线

9）连接钢筋应变片补偿接线

鼠标右键单击数据采集仪下部的补偿接口，弹框"应变片接线"，左键单击"应变片接线"，钢筋应变片补偿接线被接上，如图 8-16 所示。

图 8-16　应变片补偿接线

10）连接钢筋应变片接线

鼠标右键单击数据采集仪下部的 9 号通道接口，弹框"应变片接线"，左键单击"应变片接线"，钢筋应变片 1 接线被接上。依次点击 9～12 号通道接口，连接钢筋应变片 1～4 接线，如图 8-17 所示。

图 8-17　应变片 1～4 接线

11）连接钢筋应变片 1/4 桥接线

鼠标右键单击数据采集仪下部的补偿接口 1/4 桥接线拨片，弹框"1/4 桥接线"，左键单击"1/4 桥接线"，1/4 桥接线被拨开。依次拨动下部补偿应变和 9～12 号通道的 1/4 桥补偿拨片，连接钢筋应变片 1/4 桥接线，如图 8-18 所示。

图 8-18　应变片 1/4 桥接线

12）打开电脑

鼠标左键点击电脑主机上的开关按钮，打开电脑，如图8-19所示。

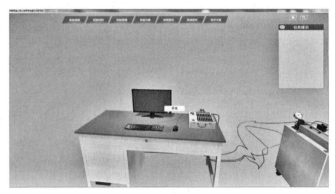

图 8-19　作业界面

13）打开数据采集仪分析软件

　　鼠标左键点击电脑桌面上的数据采集仪分析软件图标，打开数据采集仪软件，如图8-20所示。

图 8-20　数据采集仪界面

14）数据采集仪分析软件设置

（1）点击菜单栏的图标，检测仪器，如图8-21所示。

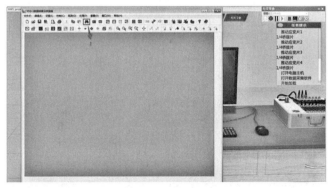

图 8-21　检测仪器

（2）点击菜单栏的"文件"目录下的"引入项目"，然后在弹出的目录中选择"原版"文件，引入项目成功，如图 8-22 所示。

图 8-22　引入项目

（3）点击菜单栏的"设置"目录下的"采样参数"，如图 8-23 所示，然后在弹出的窗口中设置采样参数（窗口中默认的采样参数是可行的，直接点击确定即可）。

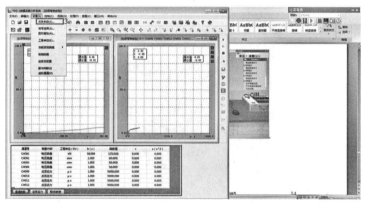

图 8-23　采样参数设置

（4）点击菜单栏的"控制"目录下的"平衡"，如图 8-24 所示，完成数据零点平衡。

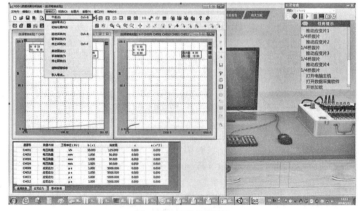

图 8-24　零点平衡

（5）点击菜单栏的"控制"目录下的"清除零点"，如图 8-25 所示，完成零点清除。

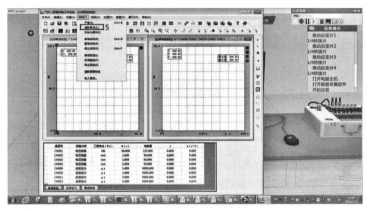

图 8-25　零点清除

（6）点击右侧菜单栏的提示按钮图标，然后在弹出的窗口（图 8-26）中选择"原版"文件作为数据保存文件。

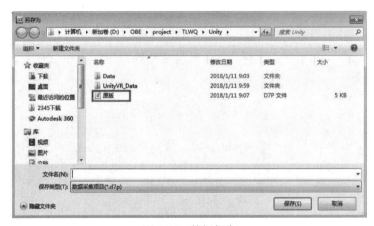

图 8-26　数据保存

15）打开数据采集仪分析软件

鼠标右键点击手动油泵的摇杆弹出"加载"，左键单击"加载"，对试验梁进行加载。加载完毕后，在试验数据分析软件中查看试验数据，可以查看梁的裂纹状态，如图 8-27、图 8-28 所示。

16）手动油泵挡杆卸压

鼠标右键手动油泵挡杆，弹框"卸压"，左键单击"卸压"，手动油泵挡杆运动到卸压位置。卸压完成后，鼠标右键手动油泵挡杆，弹框"卸载"，左键单击"卸载"，手动油泵挡杆运动到卸载位置，如图 8-29 所示。

17）手动油泵摇杆卸载

鼠标右键手动油泵摇杆，弹框"卸载"，左键单击"卸载"，手动油泵摇动，对试验梁进行卸载。手动油泵挡杆归位，如图 8-30 所示。鼠标右键手动油泵挡杆，弹框"归位"，左键单击"归位"，手动油泵挡杆回归到初始位置。

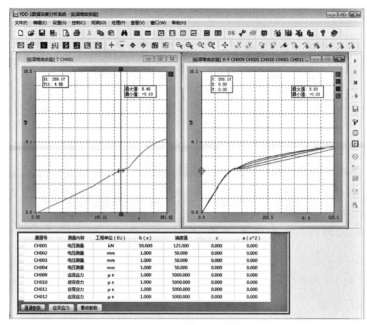

图 8-27   加载生成数据

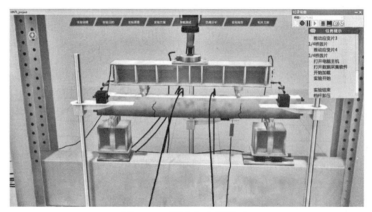

图 8-28   梁受力变形状态

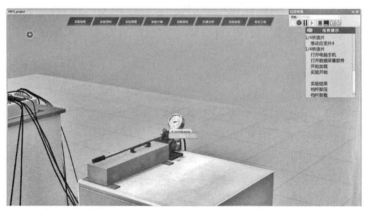

图 8-29   卸载

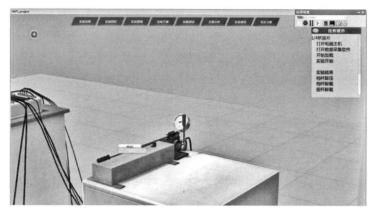

图 8-30 手动油泵挡杆归位

18）关闭数据分析软件和电脑

直接关闭数据分析软件窗口，点击电脑主机开关键，关闭电脑，并依据菜单任务提示完成以下任务，如图 8-31 所示。

图 8-31 卸载恢复操作

（1）取消位移计半桥接线

鼠标右键单击数据采集仪上部的补偿接口半桥接线位置，弹框"取消半桥接线"，左键单击"取消半桥接线"，位移计半桥接线被取消。

（2）取消拉压传感器接线

鼠标右键单击数据采集仪的 1 号通道接口，弹框"取消拉压传感器"，左键单击"取消拉压传感器"，拉压传感器接线连接被取消。

（3）取消钢筋应变片补偿接线

鼠标右键单击数据采集仪下部的补偿接口，弹框"取消补偿应变片接线"，左键单击"取消补偿应变片接线"，补偿钢筋应变片接线被取消。

（4）取消应变片接线

鼠标右键单击数据采集仪下部的 9 号通道接口，弹框"取消应变片接线"，左键单击"取消应变片接线"，钢筋应变片 1 接线被取消。依次点击 9～12 号通道接口，取消钢筋应变片 1～4 接线。

（5）取消钢筋应变片 1/4 桥接线

鼠标右键单击数据采集仪下部的补偿接口 1/4 桥接线拨片，弹框"取消 1/4 桥接线"，左键单击"取消 1/4 桥接线"，1/4 桥接线被拨回。依次拨动下部补偿应变和 9～12 号通道的 1/4 桥补偿拨片，取消钢筋应变片 1/4 桥接线。

（6）取下位移计

鼠标右键单击安装上的位移计，弹框"取下位移计"，左键单击"取下位移计"，位移计返回配件台。依次取下三个位移计。

（7）取下磁性表座

鼠标右键单击安装磁性表座，弹框"取下磁性表座"，左键单击"取下磁性表座"，磁性表座被返回配件台。依次取下三个磁性表座。

（8）取下测量表架

鼠标右键单击已经安装的测量表架，弹框"取下测量表架"，左键单击"取下测量表架"，测量表架被取回。依次取下三个测量表架。

（9）取消液压加载油管连接

鼠标右键单击液压加载缸的油管连接口，弹框"取消连接油管连接"，左键单击"取消油管连接"，油管被取消连接。

（10）取下试验梁

鼠标右键单击安装的试验梁，弹框"取下少筋梁"，左键单击"取下少筋梁"，安装的试验梁被取回试件展台。

本章小结

本章主要介绍了虚拟仿真技术在土木工程结构试验中的应用特点，包括虚拟仿真技术的发展、土木工程虚拟仿真试验的特点以及虚拟仿真技术在工程结构试验中的应用情况，并通过虚拟仿真试验案例详细阐述了虚拟试验的全过程。学习本章后应熟悉虚拟仿真技术在土木工程结构载荷试验中的作用和操作过程，并掌握土木工程结构试验中虚拟技术的应用特点、加载测试方法以及数据表达方式。

思考与练习题

8-1　简述土木工程虚拟仿真试验的特点。

8-2　工程结构虚拟仿真试验与实体试验有哪些区别？

8-3　钢筋混凝土结构受弯试验的虚拟仿真试验中如何实现应变仪连接的？

第9章 远程监测

本章要点及学习目标

本章要点：

本章主要内容为远程监测系统及架构、桥梁结构安全监测系统设计、边坡稳定远程监测系统等内容。重点阐述了远程监测系统及架构、大跨径桥梁安全监测系统设计和发展方向以及边坡监测的内容和方法。

学习目标：

（1）熟悉桥梁结构远程监测系统的架构组成，了解安全监测的内容和桥梁损伤的原因，掌握桥梁结构远程监测的系统组成，熟悉边坡监测的内容和方法。

（2）了解大跨径桥梁安全监测的发展历史和现状，熟悉中小跨桥梁安全监测系统构成和边坡监测方法，掌握桥梁结构安全监测系统的组成。

随着 20 世纪计算机技术、通信技术和网络技术的发展，远程控制这门新兴技术逐渐进入大家的视野。所谓远程控制技术是指主控端 Remote（或称主机、总机）与被控端 Host（或称分机、终端）之间实现遥控、遥信、遥测和遥调技术的总称。这里的远程，并不是字面上的距离远，一般是指通过网络通信技术来实现主、被控端的对话。生活中有很多这方面的例子，比如，QQ、MSN 携带的远程控制功能、视频监控系统等。而在土木工程中，同样可以将高性能采集系统与远程遥信遥测技术相结合，形成对被测物进行监测的系统，我们把它称之为远程监测系统（图 9-1）。

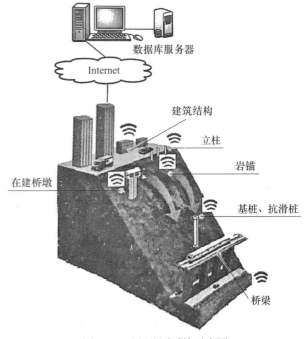

图 9-1　远程监测系统示意图

9.1　远程监测系统及架构

远程监测系统有三个重要组成部分：① 高性能的采集系统，主要是指传感器及信号的后期处理部分；② 监测对象，主要为复杂大型结构体，如桥梁、边坡等；③ 远程系统的架构。

为了实现数据共享，整个系统必须要能够支持网络访问和存取数据。当前具有网络通信支持的应用程序架构主要为：C/S［客户端（client）/ 服务器（server）］架构和 B/S［浏览器（browser）/ 服务器（server）］架构。

1. C/S 架构

C/S 架构也称胖客户端程序，即客户端（client）/ 服务器（server）架构（图 9-2），是大家熟知的软件系统体系结构。C/S 架构的建立基于以下两点：① 建立网络的起因是网络中软硬件资源、运算能力和信息不均等，需要共享，从而造就拥有众多资源的主机提供服务，资源较少的客户请求服务这一非对等作用；② 网间进程通信完全是异步的，相互通信的进程间既不存在"父子"关系，又不共享内存缓冲区，因此，需要一种机制为希望通信的进程间建立联系，为两者的数据交换提供同步。早期的软件系统多以此作为首选设计标准。

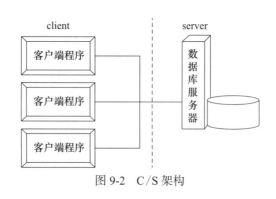

图 9-2　C/S 架构

2. B/S 架构

B/S 架构也称瘦客户端程序，即浏览器（browser）/ 服务器（server）架构（图 9-3），是随着互联网技术的兴起，对 C/S 架构的一种变化或者改进的架构。在这种架构下，用户工作界面是通过 WWW（World Wide Web）来实现的，极少部分事务逻辑在浏览器（browser）端实现，但是主要事务逻辑在服务器（server）端实现。这样就大大简化了客户端电脑载荷，减轻了系统维护与升级的成本和工作量，降低了用户的总体成本。

两种架构各有优缺点，其区别如下：

1）硬件环境不同

C/S 架构一般建立在专用的网络上，小范围内的网络环境，局域网之间再通过专门服务器提供连接和数据交换服务。B/S 架构是建立在广域网之上的，不必是专门的网络硬件环境，有比 C/S 架构更强的适应范围，一般只要有操作系统和浏览器就行。

2）对安全要求不同

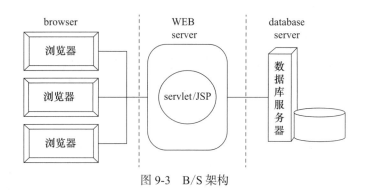

图 9-3 B/S 架构

C/S 一般面向相对固定的用户群，对信息安全的控制能力很强。一般高度机密的信息系统采用 C/S 结构适宜，可以通过 B/S 发布部分可公开信息。B/S 建立在广域网之上，对安全的控制能力相对弱，面向是不可知的用户群。

3）对程序构架不同

C/S 程序可以更加注意流程，可以对权限多层次校验，对系统运行速度可以较少考虑。B/S 对安全以及访问速度的多重考虑，建立在需要更加优化的基础之上。

4）系统维护不同

C/S 程序由于其整体性，必须整体考察，因此系统升级难，可能需再做一个全新的系统。B/S 架构方便构件个别更换，实现系统的无缝升级，系统维护开销减到最小。

5）处理问题不同

C/S 程序处理用户固定，且在相同区域。B/S 架构建立在广域网上，面向不同的用户群，分散地域，是 C/S 架构无法做到的，与操作系统平台关系最小。

6）用户接口不同

C/S 架构多是建立在 Windows 平台上，变现方法有限。B/S 架构建立在浏览器上，有更加丰富和生动的表现方式与用户交流，并且大部分难度降低，减少开发成本。

7）信息流不同

C/S 架构一般是典型的中央集权的机械式处理，交互性相对较低。B/S 架构信息流向可变化，数据一致性和实时性较好，交互性更加强大。

从目前的技术看，建立 B/S 结构的网络应用，相对易于把握、成本较低，能实现不同的人员，在不同的地点，以不同的接入方式访问和操作共同的数据库；能有效地保护数据平台和管理访问权限，服务器数据库也很安全。因此，基于 B/S 架构的远程监测系统势必在将来的工程中占据越来越重要的地位。

9.2　现代桥梁健康监测系统简介

桥梁不仅是大型工程结构的代表，而且是国家的重要交通设施。其一旦出现安全事故，不仅会对人民的生命和财产安全造成重大损失，而且可能导致部分交通网络瘫痪，造成巨大社会影响。但由于气候、环境等自然因素的作用和日益增加的交通流量及重车、超重车过桥数量，加上桥龄的不断增长，桥梁结构的安全性和使用性能必然发生退化。为了保证桥梁的正常使用，除了提高施工质量、改善维护保养以外，还需要有效的手段评定其安全性。因此，桥梁健康监测技术作为一门热点研究课题，越来越受到人们的重视。桥梁健康监测技术就是利用现代传感器与通信技术，结合桥梁结构系统特性（可由无损检测获取），来探测桥梁变化，评估桥梁安全状况，科学管理和养护桥梁，并实时预警的一门新兴技术。

9.2.1　桥梁现状

目前，我国有公路桥梁 70 余万座（不算铁路桥梁）。从跨径来看，大跨径桥梁（单跨跨径在 50m 以上）占桥梁总数的 6.3%，中跨径（单跨跨径在 20～50m）占桥梁总数的 22%，小跨径桥梁（单跨跨径在 5～20m）占桥梁总数的 71%。可见，中、小跨径桥梁占据了绝大多数，其中，又以预应力混凝土桥梁最为普遍。从使用年限来看，我国大约有 60%～70% 的桥梁是在近 20 年间修建的，但也有 30%～40% 的桥梁使用年限在 20 年以上。

依据国外经验，设计平均寿命为 75 年的桥梁实际使用寿命为 40 年左右。而我国桥梁设计标准普遍低于国外标准。更为严峻的是，由于施工质量常常得不到保证，以及超载现象的普遍化，使我国桥梁的损伤和老化速度非常迅速。可以预见，从现在开始，我国必将迎来大范围的桥梁老化现象，如不加控制，大部分桥梁将提前达到使用寿命。据不完全统计，目前有 1/3 的桥梁存在各类缺陷，危桥已超过 1 万座。因此，对桥梁进行健康监测具有重要的社会意义与经济意义。

9.2.2　大跨径桥梁安全监测

20 世纪 80 年代以来，随着经济的高速发展和社会的进步，大型桥梁在世界各地不断兴建。尤其在最近几年，随着我国经济实力的提高，已建设了一批特大型斜拉桥和悬索桥，如西陵长江大桥（悬索桥，主跨 900m），虎门大桥（悬索桥，主跨 888m），香港青马大桥（悬索桥，主跨 1377m），南京长江二桥（斜拉桥，主跨 628m）等。大跨径桥梁的生命周期包括设计、施工、运营、养护管理等阶段，在整个寿命期内，需要面临结构设计的合理与安全性、施工的安全及质量、使用期间的安全及耐久性、维护管理的经济等问题。因此，对大跨桥梁进行监测具有重要的意义。

1. 大跨径桥梁安全监测的发展

从大跨径桥梁的整个结构体系看，桥梁的安全性主要体现在基础的安全性和上部结构的安全性。大型桥梁的跨度长、自重大，传递到地基上的作用力很大，一般需要设置大型或特大型桥梁基础。桥梁基础是桥梁的关键承载结构，一旦发生基础的异常变形与破坏，将导致桥梁的整体破坏，造成巨大的经济损失。桥梁地基基础的安全性监测与分析是大型桥梁建设与使用过程中的一项重要工作；而上部结构在运营中受交通、环境等外界作用的影响更直接，桥梁在长期的运营使用过程中，由于气候、环境等因素的作用和日益增加的交通量及重车、超重车过桥数量，桥梁上部结构的安全性和使用功能也必然发生退化，进而导致各种结构损伤，容易诱发安全事故。

1）大跨径桥梁基础安全监测的发展

大跨径桥梁跨度长、自重大，传递到地基上的作用力和作用范围也较大，需要设置大型或特大型桥梁基础，涉及的岩土问题相应也比较多；而且大跨径桥梁工程设计与建设周期长、使用环境恶劣，易受到自然环境的影响；且长期承受动荷载作用。锚碇、塔基础、地基等作为大型桥梁的根基，如果发生失稳破坏，将导致整个桥梁损毁。

如悬索桥的大部分荷载将由主缆承受，通过索股与锚碇架分散传到锚碇上，再由锚碇基础传递到地基。如果锚碇基础及地基发生失稳破坏，将导致整个桥梁的破坏，造成巨大的经济损失。锚碇等地基基础的稳定安全是关系到整个大桥安全最重要的因素之一，大跨径桥梁的塔基、锚碇等基础在施工期与运营期存在难以预测的地震、施工质量缺陷等因素，这些因素都会引起桥梁基础的安全性问题。因此，建设期和运营期的悬索桥锚碇等基础安全稳定性监测是大型桥梁建设与运营过程中必须进行的一项重要工作。

过去我国主要是依据地质调查，力学参数的室内试验来建立理论计算模型——极限平衡法与干扰能量法等来进行桥梁地基基础的安全性分析与评估。但随着研究工作的深入，人们逐渐认识到由于岩土材料的复杂性与随机性等因素，单纯利用数值计算模型难以对大型桥梁地基基础进行正确的预测及控制。于是，人们逐渐运用实时监测系统对桥梁地基基础变形、应力与应变等变量进行实时监测分析，大大提高了地基基础安全性分析和预测的准确性。

2）大跨径桥梁上部结构安全监测的发展

国外桥梁结构安全监测系统的应用可以追溯到 20 世纪 80 年代。美国在 20 世纪 80 年代中后期，开始在多座桥梁上布设监测传感器，如佛罗里达州的 Sunshine Skyway 斜拉桥安装了 500 多个各类传感器，用来测量桥梁建设过程中和建成后桥梁的温度、应变及位移。英国在 20 世纪 80 年代后期，开始研制和安装大型桥梁的检测监测设备，研究和比较了多种长期监测系统的方案，并在爱尔兰 Foyle 钢箱梁桥安装了监测系统，该系统主要监测项目包括主梁挠度、气象数据、温度、应变等，试图探索一套有效的、可广泛应用于类似结构的监测系统。另外，英国的 Flintshire 独塔斜拉桥、挪威的 Skarmsundet 斜拉桥、加拿大的 Confederation 连续刚构桥等也安装了不同规模的结构健康监测系统（表 9-1）。

部分安装结构健康监测系统的桥梁 表 9-1

桥梁名称	结构类型	跨度（m）	国家
Sunshine Skyway 桥	斜拉桥	164.7 + 366 + 164.7	美国
Golden Gate 桥	悬索桥	343 + 1280 + 343	美国
多多罗桥	斜拉桥	270 + 890 + 270	日本
明石桥	悬索桥	960 + 1991 + 960	日本
Foyle 桥	梁桥	144.3 + 233.6 + 144.3	英国
Saohae 桥	斜拉桥	60 + 200 + 470 + 200 + 60	韩国
Confederation 桥	梁桥	45×250	加拿大
Normandie 桥	斜拉桥	856	法国
青马桥	悬索桥	455 + 1377 + 300	中国
江阴大桥	悬索桥	1385	中国
苏通大桥	斜拉桥	主跨 1088	中国
南京长江三桥	斜拉桥	主跨 648	中国

中国香港青马桥为悬索桥，主跨 1377m。由于索支承桥对风比较敏感，在桥上安装了保证桥梁运营阶段安全的监测系统，称之为"风和结构健康监测系统"（WASHMS）。该系统的监测项目包括作用于桥梁上的外部因素与桥梁本身的响应，共安装了全球定位系统（GPS）、风速风向仪、加速度计、位移计、应变计、地震仪、温度计等各类传感器。

2. 大跨径桥梁损伤原因分析

导致桥梁损伤的原因是多方面的，地震、飓风、洪水、撞击以及日常各种荷载作用产生的疲劳损伤，都是导致桥梁结构发生灾难性事故的重要因素。通常，导致桥梁结构损伤的原因主要有如下 6 种。

1）车辆荷载

车辆驶过桥梁时，车辆、桥梁互相作用，形成一个整体垂向耦合动力学系统，桥梁结构除了要承受各种车辆产生的静应力载荷，还要承受车辆行驶过程中产生的动应力荷载。这种循环动载荷的作用是裂纹产生和失稳扩展的主要原因。

另外，超载运输使得按原标准设计的桥梁裂纹扩展加剧，少数特大超重车甚至有可能导致桥梁垮塌。荷兰和美国加利福尼亚州，就曾发生过因超载导致财政难以负担桥梁加固费用的事件。在我国，由于重车等车辆荷载原因，导致桥梁损伤乃至垮塌的现象屡见不鲜；如 2012 年 8 月，哈尔滨市阳明滩大桥的引桥坍塌，其主要原因就在于货车严重超载以及偏右行驶导致的偏心过大。

2）温度

温度对大跨桥梁结构影响非常大，在有些大跨径桥梁中，温度应力可以达到甚至超出荷载应力。温度裂缝区别其他裂缝的最主要特征是，它将随温度变化而扩张或合拢。引起温度变化的主要因素有：

（1）年温差。一年中四季温度不断变化，但变化相对缓慢，对桥梁结构的影响主要是导致桥梁的纵向位移，一般可通过桥面伸缩缝、支座位移或设置柔性墩等结构措施相协调，只有结构的位移受到限制时才会引起温度裂缝。例如，拱桥、刚架桥等。

（2）日照。桥面板、主梁或桥墩侧面受到太阳暴晒后，温度明显高于其他部位，温度梯度呈非线性分布。由于受到自身约束作用，导致局部拉应力较大，出现裂缝。

（3）骤然降温。突降大雨、冷空气侵袭、日落等可能导致结构外表面温度突然下降，但因内部温度变化相对较慢而产生温度梯度。

3）风荷载

风荷载是大跨径桥梁结构设计与分析时要考虑的重要荷载。自 1940 年美国塔科马（Tacoma）悬索桥发生风毁事故以后，桥梁的抗风设计以及对桥梁的风响应一直是大跨径桥梁工程中最受关注的问题之一。风荷载作用是影响桥梁稳定性的重要因素，桥梁的稳定性包括静稳定性和动稳定性两个方面。扭转发散是大跨径桥梁最典型的一种静稳定性问题，颤振和抖振是大跨径桥梁最主要的两种动稳定性问题。

颤振是桥梁结构在气动力、弹性力和惯性力的耦合作用下产生的一种发散的振动，会导致桥梁的倒塌。因此，桥梁抗风设计时必须对桥梁颤振进行分析，确定临界颤振风速和振动特性。

抖振是桥梁结构在风湍流的作用下的一种强迫振动，虽然抖振是一种限幅振动，但是由于发生抖振的风速低、频度大，会导致结构的局部疲劳，影响行人和车辆行驶的安全。

4）地震

大型桥梁都有埋深较大的深基础，地震动沿深度的变化和土与结构相互作用对桥梁结构安全产生影响。行波波速、多点激励和不同地震动输入对不同桥梁的影响程度是不同的。地震对于桥梁的危害主要表现为下部结构和基础的严重破坏引起桥梁的倒塌。

5）缆索的振动

缆索的振动是导致桥梁损坏的一个重要因素。拉索振动的形式有涡激振动、尾流弛振、参数共振和斜拉索雨振。下雨时，大跨度斜拉桥的斜拉索在一定的风速和风向范围内会形成一条稳定的上水路，发生大幅度的振动，称为雨振。这种振动会引起相邻斜拉索的碰撞，使其保护层受到破损；还会使斜拉索末端紧固件产生疲劳损伤，导致减振器破坏，危及桥梁安全。我国的上海南浦大桥、杨浦大桥和武汉长江二桥等几座大跨斜拉桥建成后都发生过斜拉索雨振现象。

6）环境腐蚀

环境腐蚀是影响桥梁结构安全的重要因素，尤其是因缆索锈蚀造成大跨缆索支撑型桥梁结构安全隐患问题越来越受到桥梁工程师的关注。悬索桥的主缆、斜拉桥的斜拉索，作为体外预应力索，直接暴露在空气中，并处于高应力状态，很容易受腐蚀而出现断丝甚至整根缆索失效的情况。而拉索是斜拉桥的主要受力构件，如果某一根斜拉索突然断裂，则很可能导致结构突然遭受灾难性的破坏。针对环境腐蚀对结构安全的影响，目前在桥梁工程上已经采取了很多锈蚀防护的措施，但效果并不理想或有待实践的进一步检验，腐蚀对结构安全影响的定量分析也有待进一步研究。

9.2.3 大跨径桥梁安全监测系统设计

1. 设计原则

安全监测系统是提供获取桥梁结构信息的工具，使决策者可以针对特定目标做出正确的决策。然而，对于一座运营的大型桥梁结构来说，政府部门、桥梁管理部门、维修养护部门等关心的问题各有不同。比如，政府部门关心的是桥梁是否正常通行，不影响整个地区或国家经济发展；桥梁管理部门主要关心的是桥梁能否正常运营以及运营的经济效益；维修养护部门关心的是桥梁能否安全运营；而设计与建设单位则关心的是大桥是否达到设计目标以及一些特殊设计的工作状况如何。因此，在进行系统设计时，应当把握以下4个原则：

1）系统的可靠性

桥梁安全监测系统是长期在野外实时运行的，必须保证系统的可靠性。根据大桥的地理位置特征、大桥的结构特征，应选择国内外有业绩的成熟产品和技术。

2）系统的先进性

设备的选择、监测系统的功能要与现代测试技术的发展水平、结构健康监测的相关理论发展相适应，具有先进性。

3）可操作和易维护性

系统正常运行后应易于管理、易于操作。对操作人员及维护人员的技术水平及能力不应有过高要求。选用产品时，应考虑以后的升级换代的方便，考虑到系统维护和调整的方便，使系统长期保持正常运转。

4）完整性和可扩容性

监测过程必须内容完整、逻辑严密、各功能模块之间既相互独立又相互关联，避免故障发生时的联动影响。随着桥龄的增长，系统需要监测的内容将会增多，所以要充分考虑系统的可扩容性，留有软、硬件接口，方便扩容。

2. 系统构成

一个完整的大跨径桥梁健康监测系统包括采集测量系统和数据分析处理两个部分，四个子系统，如图9-4所示，即传感器子系统，数据采集与传输子系统，数据信号处理与控制子系统，数据管理与分析评估子系统。四个子系统组成一个完整的网络结构，硬件设备包括网络服务器、PC机、专用工控机、放大器、传感器等。外站作为网络节点，往下由工控机、数据采集板、信号调理器、传感器等构成微型网络，方便系统开发和监测规模的扩大。

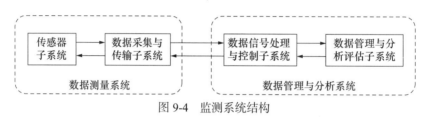

图9-4　监测系统结构

其中数据分析里面的损伤诊断部分是现在桥梁监测系统的重点也是难点。所谓损伤诊断，是指利用结构状态信息，对损伤位置、损伤程度等进行判断。目前的损伤诊断方法主要包括基于振动模态参数的损伤诊断方法、基于结构模型修正的静态诊断方法、神经网络方法以及小波分析方法等。

9.2.4　中小型桥梁监测

由于大跨径桥梁结构复杂庞大，社会影响力广，为其设计监测系统往往是个浩大的工程，需耗费庞大的人力、物力和财力，很难普及到中、小型桥梁上面。另外，中小桥梁由于安全冗余量低、受超载影响大以及施工质量相对较差的原因，发生事故的危险性其实远远高于大型桥梁。

因此，针对中、小型桥梁的监测系统需要做一定的简化设计。现介绍一套针对预应力混凝土梁结构的中、小型桥梁健康监测系统（图9-5）。这套系统的主要监测对象为：①桥梁、桥墩的振动特性；②桥梁、桥墩的倾斜；③桥梁的温度：用于修正模型。

这套系统的特点在于：

（1）系统简单、可靠性好。这套监测系统摒弃了大跨径桥梁监测系统的大而全的设计思想，而专注于结构的振动特性和倾斜，从而使得监测系统的构筑大为简化，但相对提高了可靠性及适用性。

（2）针对性强、成本大幅降低。由于系统主要针对预应力混凝土桥梁桥型，使得系统的构筑成本和运营成本均大幅降低。

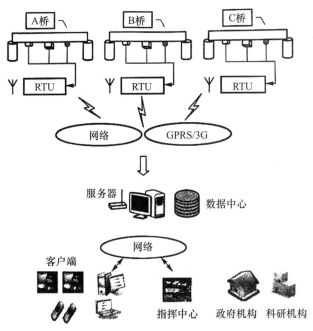

图 9-5　中小跨桥梁健康监测系统构成

9.2.5　桥梁监测发展存在的问题及发展方向

尽管国内外对多座桥梁的损伤状况进行了现场检测，积累了宝贵的资料，同时在过去几十年里，桥梁的结构理论和方法研究也有很大的发展。但桥梁作为复杂的结构体，现阶段研究建立的模型对于实际工程结构还是有区别的，并且监测系统用到的电子元器件的布置维护也是一大难题。

1. 主要问题

1）传感器如何布置

目前主要采用模态扩展、模型凝聚等方法进行处理，这在实际桥梁工程中，不可避免地出现解不唯一的现象，即在采用最优解过程中，很难得到全局最优解。目前传感器的布置多由桥梁荷载试验的方法确定，更有甚者认为传感器布置得越多越好。这就导致了出现海量的测试数据，却对损伤诊断真正有效的测试数据不多的现象；而且传感器的数量，直接决定了整个监测项目的硬件成本。因此，传感器如何合理有效地布置，是现阶段存在的一个问题。

2）系统维护成本高

桥梁监测系统由于监测对象的关系，往往都是在室外现场工作，其工作环境比较恶劣，并且整个监测系统大部分采用电子元器件，长时间运行也需要维护保养。所以整个系统的后期维护成本也是一笔不小的开支，这也导致了监测系统实际应用案例较少的现状。

3）如何处理微弱测试信号

这实际上反映了损伤诊断理论和方法的抗噪能力。大部分损伤诊断理论和方法均侧重于损伤诊断理论和方法的抗噪性能研究上，而如何对测试数据清理和净化所开展的工作却不多；既有桥梁结构的测试信号均属于微弱信号，与损伤有关的信号特征可能被幅值较大而与损伤无关的信号特征所掩盖或淹没；信号的微弱性导致了大部分损伤诊断理论和方法在实际桥梁工程的应用中失效。

4）桥梁损伤响应存在非平稳性

目前绝大多数损伤诊断方法均采用测试为平稳过程的假设，非平稳过程的考虑也仅仅是测试过程本身，针对桥梁结构，特别是铁路桥梁结构，在移动列车作用下的非平稳情况考虑不多。当车辆以一定的速度通过桥梁时，因车辆质量的问题，使得车辆与桥梁组成了新的耦合系统：车桥耦合振动系统使得桥梁结构的动力响应有别于其他的强迫振动；同时由于车辆是移动的，显然车桥耦合系统为一时变系统，其响应具有明显的非平稳性。这导致了目前绝大多数损伤诊断理论和方法在实际桥梁工程中失效。

5）桥梁损伤建模理想化

大部分损伤诊断理论和方法在构建损伤指标或特征时，均假设结构的损伤为线性的。但实际桥梁结构因其活载所占比例大，桥梁结构特别是预应力混凝土桥梁结构，在活载作用下结构出现裂缝，而一旦活载离开桥梁，在预应力效应作用下，结构的裂缝闭合，桥梁的损伤情况呈非线性。因此，损伤理论的理想化建模，也是整个监测系统在应用于实际工程中可靠性和准确性不高的原因。

6）智能诊断评价系统不完善

一个功能完善的结构健康诊断评价系统必须具有自动的系统损伤诊断和评价功能。然而由于目前桥梁方面没有一个具体的健康程度标准，各个系统的诊断评价都有自己的一个原则，并且系统或多或少需要用户来参与，以最终确定结构系统的健康程度和损伤状况。

2. 发展方向

针对上述情况，桥梁监测的研究方向主要为以下 6 个方面：

（1）在选定测试信号分析和损伤诊断方法的基础上，对有效传感器的布置进行研究。

（2）强系统硬件设计和加工工艺，在保证测试采集精度的同时，能让系统尽可能长时间稳定运作。

（3）应用现代信号处理的方法，对微弱测试信号进行处理和净化。

（4）结合桥梁动力响应的特点，采用能够处理非平稳随机过程的信号处理和分析方法提取该类结构的损伤特征并构建损伤指标。

（5）结合现代信号处理的最新进展，将能够处理非线性随机过程的信号分析方法引入到监测系统中，做深入研究。

（6）完善桥梁理论，给系统智能诊断和评估一个标准。

9.3　边坡稳定远程监测系统简介

边坡工程应用于交通、建筑、水利和矿山等各个建设领域中。边坡岩土体往往呈现出非均质性与各向异性特性，在开挖、堆载、降雨、河流冲刷、库水位升降与地震等外部荷载作用下很容易进入局部或瞬态大变形乃至失稳滑动状态。我国每年由于岩土体失稳而引发的大、小滑坡数百万次，由此造成的经济损失高达数百亿元；因暴雨、地震等引发的各类滑坡灾害至 20 世纪 90 年代累计死亡超过 10 万人。

因此，对边坡工程特别是大型复杂边坡工程，除了进行常规的工程地质调查、测绘、勘探、试验和稳定性评价外，还应及时有效地开展边坡工程的动态监测，预测边坡失稳的可能性和滑坡的危险性，并提出相应的防灾减灾措施，对于确保国民经济发展与保障人民群众生命财产安全具有重大意义。

9.3.1 边坡监测的目的及内容

边坡工程监测的主要目的：

（1）评价边坡施工及其使用过程中边坡的稳定程度，并做出有关预报，为崩塌、滑坡的正确分析评价、预测预报及治理工程等提供可靠的资料和科学依据。

（2）为防治滑坡及可能的滑动和蠕动变形提供技术依据，预测和预报今后边坡的位移、变形的发展趋势，通过监测可对岩土体的时效特性进行相关的研究。

（3）对已经发生滑动破坏的边坡和加固处理后的滑坡，监测结果也是检验崩塌、滑坡分析评价及滑坡处理工程效果的尺度。

（4）为进行有关位移分析及数值模拟计算提供参数。

主要监测内容包括：危岩，位移、倾斜，应力应变、地声变化，地震、爆破震动，降雨量、气温、地表（下）水（水位、水质、水温、泉流量、孔隙水压力）等。

9.3.2 边坡监测方法

最早的边坡监测主要是靠人工用皮尺等工具，定期做测量统计来完成的。这种方法准确性差，且不具备实时性。随着检测技术的发展，各种各样的检测工具被制作出来，极大提高了测量数据的准确性，但是其实时性并未有太大提升。而当数字时代来临时，物联网技术的崛起则给边坡远程监控带来巨大的进步。目前，几种常用的监测方法如下：

1. 宏观地质观察法

宏观地质观察法，是用常规的地质路线调查方法对崩塌、滑坡的宏观变形迹象和与其有关的各种异常现象进行定期的观测、记录。该方法具有直观性、动态性、适应性及实用性强的特点，不仅适用于各种类型的崩塌滑体在不同变形发展阶段的监测，而且监测内容比较丰富，获得的前兆信息直观可靠，可信度高。

2. 简易观察法

简易观察法，是在变形体及建筑物的裂缝处因地制宜设置骑缝式简易观测标志，用长度量具直接观测裂缝变化与时间关系的方法。该方法监测的内容单一，精度相对较低，劳动强度较大，但是操作简单、直观性强、观测数据可靠，适合于交通不便、经济困难的山区普及推广应用。

3. 设站观测法

1）大地测量法

常用的大地测量法主要有两方向（或三方向）前方交会法、双边距离交会法、视准线法、小角法、测距法、几何水准测量法以及精密三角高程测量法等。大地测量法有如下突出优点：能确定边坡地表变形范围；量程不受限制；能观测到边坡体的绝对位移量；在滑坡发生剧烈滑动时，监测仪器设施不会因滑坡加速运动而损坏，监测人员不必到滑坡体上，因此能保证滑坡监测的连续性。

2）全球定位系统（GPS）测量法

GPS测量法的基本原理是用GPS卫星发送的导航定位信号进行空间后方交会测量，确定地面待测点的三维坐标。将GPS测量法用于边坡工程监测有以下优点：观测站之间无须通视，选点方便；定位精度高；观测时间短；观测点的三维坐标可以同时测定，对于运动的观测点还能精确测出它的速度；操作简便；全天候作业，一般不受气候条件的影响。

3）近景摄影测量法

该方法是把近景摄影仪安置在两个不同位置的固定测点上，利用立体坐标仪量测相片上各观测点三维坐标的一种方法。其周期性重复摄影方便，外业省时、省力，可以同时测定许多观测点在某一瞬间的空间位置，可随时进行比较，可以满足滑体处于速变、剧变阶段的监测要求，适合危岩临空陡壁裂缝变化（如链子崖陡壁裂缝）或滑坡地表位移量变化速率较大时的监测。

4. 仪表观测法

仪表观测法是指用精密仪器仪表对变形斜坡进行地表及深部的位移、倾斜（沉降）动态，裂缝相对张、闭、沉、错变化及地声、应力、应变等物理参数与环境影响因素进行监测。监测的内容丰富，精度高（灵敏度高），测程可调，仪器便于携带，可以避免恶劣环境对测试仪表的损害，观测结果直观，可靠度高，适用于斜坡变形的中、长期监测。

5. 远程监测法

利用先进的传感器，进行远距离的监测是该方法的最大特点。由于其自动化程度高，可全天候连续观测，故省时、省力又安全，是今后一个主要的发展方向（图9-6）。

图 9-6　典型边坡远程监测系统构成

从远程监测对象来看，可以分为两大类：

1）以边坡表面的位移为主

在边坡主断面顶端稳定处设置固定点，在固定点处安装一个地表变形监测站，之后每隔一段距离安装一个地表变形监测站，直至边坡底部。同一断面上地表变形监测站的传感器，从上至下首尾相连，通过各监测站的位移数据在第一时间反映该断面的实时变形情况（图9-7）。

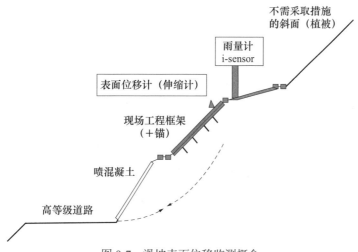

图9-7　滑坡表面位移监测概念

2）以深部倾斜为主

在边坡主断面顶端稳定处设置固定点，在固定点处打两个具有一定深度的孔，一个安装倾斜计，一个安装水位计，组成一个深部倾斜监测站。之后每隔一段距离安装一个深部倾斜监测站，直至边坡底部。同一断面上深部倾斜监测站的传感器，从上至下首尾相连，通过各监测站的倾斜和水位数据在第一时间反映该断面倾斜状况和水位变化来推测边坡变形（图9-8）。

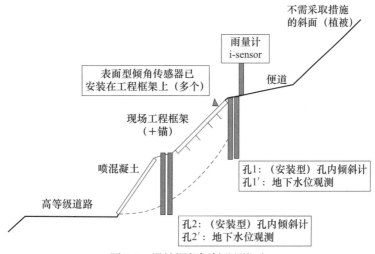

图9-8　滑坡深部倾斜监测概念

9.3.3 关于监测系统的说明

1. 边坡监测的主要难点

相对于桥梁健康的远程监测，边坡的监测系统所涉及的因素更多，困难也更大，如下：

（1）边坡往往范围很大，潜在的滑裂面有时并不十分清楚；

（2）电源、通信条件经常难以保证；

（3）仪器、线缆等设备经常会受到人为或者动物的损坏；

（4）设备的维护、更换较为困难、成本高；

（5）常常缺乏可靠的判定标准。

因此，边坡监测尽管意义重大，但实效性往往得不到很好的发挥。

2. 边坡监测的设计原则

对于一般的边坡工程，其监测方法并不是靠某种监测仪器就能够完成的，而是一个复杂的监测系统。由于监测对边坡的设计、施工和运行都起着非常重要的作用，应该综合各种有关资料和信息进行设计，一般应该按照如下原则：

（1）可靠性、方便适用和经济合理原则；

（2）遵照工程需要的多层次原则；

（3）以位移为主的监测原则；

（4）关键部位优先原则和整体控制原则；

（5）应结合"群策群防"的思想，将自动化监测系统与人工巡检有机地结合起来。

本章小结

本章主要介绍了远程监测系统及架构、现代桥梁健康监测系统以及边坡稳定远程监测系统；重点阐述了大跨径桥梁损伤的原因、安全监测系统设计以及边坡监测的内容和方法。通过本章的学习，应熟悉桥梁结构远程监测系统的架构特点，了解监测内容和桥梁损伤的原因，掌握桥梁远程监测的系统组成，熟悉边坡监测的内容和方法。

思考与练习题

9-1 远程系统的架构有几种？它们有什么不同？

9-2 大跨径桥梁损伤的原因有哪些？

9-3 为什么要实行桥梁健康监测？大跨径桥梁健康监测设计需要注意哪些内容？

9-4 阐述边坡监测的内容和目的。

9-5 边坡监测的方法及设计原则有哪些？

附录 建筑结构试验教学

附录1 静态电阻应变仪和机械仪表的使用方法和试验技术

1. 试验目的

（1）认识结构试验中常用的各种机械式量测仪表，通过示范表演和操作练习，进一步巩固课堂上讲授的知识，基本上掌握操作技能，为正确进行静载试验做好准备；

（2）学习常用电阻应变片的粘贴技术和电阻应变片桥路连接方法，如附图 1-1 所示；

（3）掌握静态电阻应变仪、位移采集仪及常用机械式仪表的使用方法。

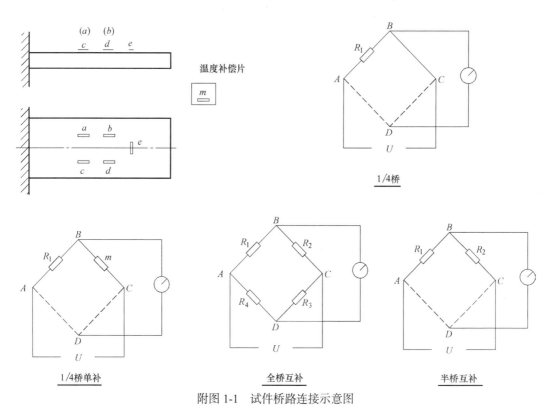

附图 1-1　试件桥路连接示意图

2. 试验设备

电阻应变仪、数据采集仪、位移计、测力计等。

在附图 1-1 的测量电桥中，若在四个桥臂上接入规格相同的电阻应变片，它们的电阻值为 R，灵敏系数为 K。当构件变形后，各桥臂电阻的变化分别为 ΔR_1、ΔR_2、ΔR_3、ΔR_4 它们所感受的应变相应为 ε_1、ε_2、ε_3、ε_4，则 BD 端的输出电压 U_{BD} 为：

$$U_{BD} = \frac{U_{AC}}{4}\left(\frac{\Delta R_1}{R} - \frac{\Delta R_2}{R} + \frac{\Delta R_3}{R} - \frac{\Delta R_4}{R}\right)$$
（附 1-1）
$$= \frac{U_{AC}K}{4}(\varepsilon_1 - \varepsilon_2 + \varepsilon_3 - \varepsilon_4) = \frac{U_{AC}K}{4}\varepsilon_d$$

由此可得应变仪的读数应变为：

$$\varepsilon_d = \varepsilon_1 - \varepsilon_2 + \varepsilon_3 - \varepsilon_4$$
（附 1-2）

3. 试验步骤

（1）应变仪、测力计、应变计、测量试件等仪表准备就绪；

（2）根据教师指导学生自己动手粘贴电阻应变片、焊接导线、连接数据采集仪（1/4桥和半桥法），在试验中按图式名称，简述应变计粘贴过程、不同桥路连接测量的特点，参照附图 1-2；

（3）试件（承受集中力）加载、测量试件应变，并求算试件的应力、应变，测量及计算结果填入附表 1-1；

（4）普通工字钢参数：20a，Q235-A；弹性模量 $E = 210\text{GPa}$，高 $h = 200\text{mm}$，宽 $b = 100\text{mm}$，腹板厚 $t_w = 7\text{mm}$，截面积 35.5cm^2，质量 27.5kg/m，惯性矩 $I_x = 3369\text{cm}^4$，抗弯截面模量 $W_x = 237\text{cm}^3$。

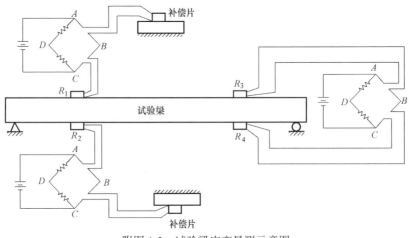

附图 1-2　试验梁应变量测示意图

4. 试验记录表

试验数据记录表　　　　　　　　　　　　　　　　　　　　　　　附表 1-1

接法\ 应变\ 荷载（kN）	1/4 桥（另贴补偿片）			半桥互补	
	R_1（$\times 10^{-6}$）	R_2（$\times 10^{-6}$）	R（$\times 10^{-6}$）	R_3/R_4（$\times 10^{-6}$）	
	（实测值）	（实测值）	（理论值）	（实测值）	（理论值）
10					
20					
30					
40					
50					

5. 试验分析

（1）绘制荷载 - 应变曲线；

（2）比较理论应变与试验结果；

（3）分析测试数据的相对误差，（测试应变值－理论应变值）/ 理论应变值，以百分数表示。

附录 2　钢桁架（或钢筋混凝土梁、板）的静力试验

1. 试验目的

（1）进一步学习和掌握几种常用仪表的性能、安装和使用方法；

（2）熟练常用电阻应变片的粘贴技术和电阻应变片桥路连接方法；

（3）掌握钢桁架静载试验的基本方法；

（4）通过对桁架结点位移、杆件内力的测量，分析桁架结构工作性能，验证理论计算的正确性。

2. 设备和器材

（1）电阻应变片、导线、万用表、电烙铁、焊锡、松香、502 胶粘剂、丙酮、703 胶、细砂纸、棉纱、塑料薄膜等；

（2）位移计、采集仪、电阻应变仪、电脑；

（3）钢桁架、钢桁架材料为 Q235 钢，$f_y = 215\text{N/mm}^2$；

桁架由 2L40×3（桁架内部的杆 CB、BD、DC、CH 及其对称的杆件，截面积 2.36cm²）和 2L50×3（桁架外围的杆 AB、BE、AD、DH 及其对称的杆件，截面积 2.97cm²）的角钢组成，如附图 2-1 所示。

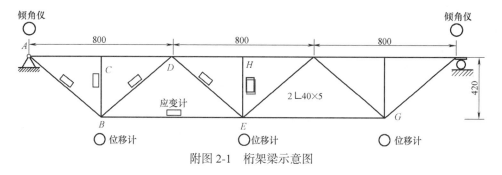

附图 2-1　桁架梁示意图

3. 试验测试内容

（1）测量桁架各杆件在每级荷载下的应变，计算内力；

（2）测量下弦节点的挠度，测量支点的位移；

（3）荷载分级加载（每级拟定 2kN），注意观测节点挠度和转角、杆件内力变化等，测量挠度，可采用挠度计或水准仪，测点一般布置于下弦节点；

（4）测量支座沉陷，在桁架两支座的中心线上应安置垂直方向的位移计；杆件内力测量，可用电阻应变片或接触式位移计，其安装位置随杆件受力条件和测量要求而定。

4. 试验准备

（1）了解结构试验常用设备和器材，对钢桁架进行试验方案设计，如测点的位置、数量等；

（2）测量电阻应变片电阻值，选择 2～4 片电阻值（120Ω）非常接近的电阻应变片；按照正确粘贴方法将电阻应变片与受拉和受压（或温度补偿）片组成半桥或 1/4 桥；

（3）用万用表检查应变片是否通路，否则需重贴或补焊；

（4）按半桥或全桥电路原理焊接有关焊点，检查应变片与钢桁架之间的绝缘电阻，应在兆欧量级；

（5）将应变片按半桥或 1/4 桥电路方式接入静态电阻应变仪，再通过 RS232 接口输入到计算机；

（6）将若干位移传感器固定在钢桁架的下方且与钢桁架下表面保持接触，位移传感器可以通过专用采集仪接入计算机；

（7）仪器连线接好后预热仪器 10min 以上，然后分别对静态电阻应变仪、位移采集仪调零或记下初始值。

5. 试验步骤

（1）开启静态电阻应变仪、位移采集仪的相关软件，采集并存贮初始值；

（2）加载、采集并存贮静态电阻应变仪、位移采集仪瞬时测量值；

（3）加 2kN 荷载，作预载试验，测取读数，检查装置、试件和仪表工作是否正常，然后卸载，如发现问题应及时排除；

（4）仪表调零，记取初读数，做好记录和描绘试验曲线的准备；

（5）正式试验，采用 5 级加载，每级 2kN，每级停歇时间为 10min，停歇的中间时间读数；

（6）满载为 10kN，满载后分二级卸载，并记下读数；

（7）将正式试验重复两次。

6. 试验报告要求

（1）简述贴片、接线、检查等方法步骤；

（2）计算桁架各杆件的内力；

（3）用表格记录荷载 - 应变、荷载 - 挠度值，见附表 2-1、附表 2-2，并绘出关系曲线。

杆件的荷载 - 应变曲线　　　　　　　　　　　　附表 2-1

荷载（N） 测点 应变（×10⁻⁶）	一级载荷 （2kN）	二级载荷 （4kN）	三级载荷 （6kN）	四级载荷 （8kN）	五级载荷 （10kN）	最后一级 理论值	备注
AB（1 号）							
BC（2 号）							
BD（3 号）							
BE（4 号）							
DE（5 号）							
EH（6 号）							

节点 *B*、*E*、*G* 的挠度值						附表 2-2
项目（mm）＼荷载（kN）		一级载荷	二级载荷	三级载荷	四级载荷	五级载荷
B	实测值					
B	理论值					
E	实测值					
E	理论值					
G	实测值					
G	理论值					

附录 3　共振法测定钢梁动力特性

1. 试验目的

（1）学习结构动力特性常用仪器的使用方法；

（2）用共振法测定钢简支梁的自振频率 f_0 和阻尼比 ξ。

2. 试件、试验设备和仪器

钢简支梁、钢悬臂梁、非接触激振综合装置、信号发生器、功率放大器、加速度传感器、电荷放大器、采集仪、计算机、测试软件等。

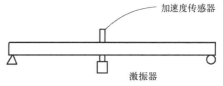

3. 试验原理

外荷载与梁的共振原理，如附图 3-1 所示。

附图 3-1　钢简支梁动力特性装置示意图

4. 试验步骤

（1）将击振器移动到钢简支梁底部中间位置，附近安装加速度传感器；

（2）加速度传感器输入电荷放大器，再通过采集仪通道 1 接入计算机；

（3）信号发生器输出电压通过采集仪通道 2 接入计算机；

（4）开启教学软件，打开双通道界面，适当调节增幅；

（5）开启信号发生器、功率放大器、激振器、固定幅值缓慢从低频调至高频，记录相应频率下的振幅 *A*，见附表 3-1（共振频率约 40Hz）。

动力特性试验记录表														附表 3-1
	1	2	3	4	5	6	7	8	9	10	11	12	13	14
A														
f														

（6）绘制 *A*-*f* 曲线，第一峰值即为钢简支梁（第一阶段）固有频率 f_0，在纵坐标 $0.707A_{\max}$ 作水平线与共振曲线相交于 *A*、*B* 两点，其对应横坐标是 f_1 和 f_2，如附图 3-2 所示，则阻尼比：

$$\xi = \frac{f_2 - f_1}{2f_0}$$

（附 3-1）

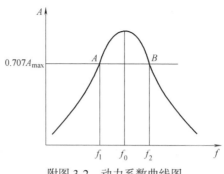

附图 3-2　动力系数曲线图

附录 4　混凝土结构的非破损试验技术

1. 试验目的

（1）了解回弹仪和超声仪的工作原理，学习其使用方法；

（2）学会超声回弹综合法检测混凝土强度的试验技术与评定方法。

2. 回弹仪构造图和回弹法的基本原理

使用回弹仪（附图 4-1）的弹击拉簧驱动仪器内的弹击重锤，通过中心导杆，弹击混凝土的表面，并测得重锤反弹的距离，以反弹距离与弹簧初始长度之比为回弹值 R，由它与混凝土强度的相关关系来推定混凝土强度，见式（附 4-1）。

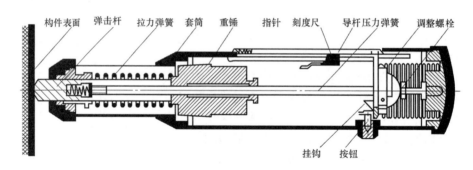

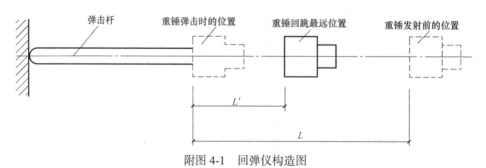

附图 4-1　回弹仪构造图

$$R = \frac{L'}{L} \times 100\% \qquad\qquad （附 4-1）$$

3. 超声检测混凝土强度原理

混凝土强度与其弹性模量、密实度相关，而超声波在其中的传播速度又与这些参数有关，关系式见式（附4-2），根据混凝土超声检测仪原理（附图4-2），由试验建立混凝土强度与声速的关系曲线。

$$V = \sqrt{\frac{E_d(1-\nu)}{\rho(1+\nu)(1-2\nu)}} \tag{附4-2}$$

式中　E_d——介质的动弹性模量；

　　　ρ——介质的密度；

　　　ν——介质的泊松比。

4. 操作步骤

（1）按《超声回弹综合法检测混凝土抗压强度技术规程》T/CECS 02—2020，在混凝土浇筑方向的侧面选择好试件测区，测区面积 200mm×200mm，其中试件两面测区回弹测点 10 个、超声测点 3 个，见附图4-3。

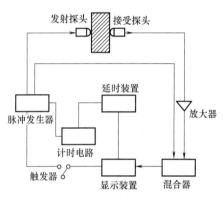

附图 4-2　混凝土超声检测仪原理框图

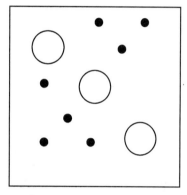

附图 4-3　超声回弹测点图

（2）先测回弹值，同一测点水平方向只允许弹击一次，非水平状态下测得的回弹值则必须进行修正。

（3）从测区正反 10 个回弹值中剔除 1 个较大值和 1 个较小值，然后求取剩余 8 个有效回弹值的平均值作为测区回弹代表值 R_{ai}。

（4）分别在与回弹同一测区 3 个测点进行超声对测，换能器辐射面必须通过黄油或其他耦合剂与混凝土测试面良好耦合；以 3 个测点的平均值作为该测区混凝土声速代表值 v_{ai}。如果采用平测法则参阅相关规范。

（5）当无专用和地区测强曲线时，可按式（附4-3）估算。

$$f_{cu,\,i}^c = 0.0162 v_{ai}^{1.656} R_{ai}^{1.410} \tag{附4-3}$$

5. 试验测试数据

根据试验，将测试结果填入附表4-1。

试验测试表　　　　　　　　　　　　　　　　　　　　　　　附表 4-1

构件名称：　　　　　　　　第　　测区　　测试日期：

测点回弹值 R_i										测区回弹代表值 R_m
1	2	3	4	5	6	7	8	9	10	

测点声速值 v_i（km/s）			测区声速代表值 v_d（km/s）	测区混凝土抗压强度推算值（MPa）
1	2	3		

回弹检测：　　　　　超声检测：　　　　记录：　　　　计算：　　　　复核：

参 考 文 献

［1］宋彧，张贵文．建筑结构试验［M］．3 版．重庆：重庆大学出版社，2022.

［2］易伟建，张望喜．建筑结构试验［M］．5 版．北京：中国建筑工业出版社，2020.

［3］陈永盛，王涛，等．结构混合试验新进展［J］．地震工程与工程振动．37（3），2017，136-142.

［4］Forouzan B, Nakata N. An explicit quadratic alpha numerical integration algorithm for force-based hybrid simulation [C]//16th World Conference on Earthquake Engineering. Santiago, 2017. Paper No. 1121.

［5］中华人民共和国住房和城乡建设部．建筑抗震试验规程：JGJ/T l01—2015［S］．北京：中国建筑工业出版社，2015.

［6］中华人民共和国住房和城乡建设部．回弹法检测混凝土抗压强度技术规程：JGJ/T 23—2011［S］．北京：中国建筑工业出版社，2011.

［7］中国工程建设标准化协会．超声回弹综合法检测混凝土抗压强度技术规程：T/CECS 02—2020［S］．北京：中国计划出版社，2020.

［8］中国工程建设标准化协会．拔出法检测混凝土强度技术规程：CECS 69：2011［S］．北京：中国计划出版社，2011.

［9］中华人民共和国住房和城乡建设部．钻芯法检测混凝土强度技术规程：JGJ/T 384—2016［S］．北京：中国建筑工业出版社，2016.

［10］中华人民共和国住房和城乡建设部．混凝土强度检验评定标准：GB/T 50107—2010［S］．北京：中国建筑工业出版社，2010.

［11］中华人民共和国住房和城乡建设部．混凝土结构现场检测技术标准：GB／T 50784—2013［S］．北京：中国建筑工业出版社，2013.

［12］中华人民共和国住房和城乡建设部．混凝土中钢筋检测技术标准：JGJ/T 152—2019［S］．北京：中国建筑工业出版社，2019.

［13］中华人民共和国住房和城乡建设部．混凝土结构加固设计规范：GB 50367—2013［S］．北京：中国建筑工业出版社，2013.

［14］吴佳晔．土木工程检测与测试［M］．北京：高等教育出版社，2017.

［15］傅军．建筑结构试验基础［M］．北京：机械工业出版社，2022.